U0221540

尖叫的
数学

［意］翁贝托·博塔兹尼———著

余婷婷———译

令人惊叹的数学之美

湖南科学技术出版社 博集天卷

献给切蒂，

为着一些宿命般的理由，
恰如本书中的诸多时刻。

目 录
Contents

Chapter
06

第六章
非欧几何的世界

后记

数学的本质就在于它的自由

它们在数百年的黑暗中闪耀，
用数学照亮了人类的历程

世上存在先后。人类的事件更迭总是有先有后，事物和历史的本质亦是如此。先与后被一瞬间划分——一个影响了数十年，甚至数百年的决定性瞬间。

大自然以一种不可预知的方式运转着，然后会在某些时刻猝不及防地出击，且往往是惨痛的一击，在人类历史上留下印记。正如公元 79 年 8 月 24 日的那个时刻，电闪雷鸣之下，维苏威火山低沉的隆隆声不断从地底传来，宣告着一场毁灭性的火山喷发，即将抹平庞贝城所有的生命迹象。从废墟遗址中可以看出，庞贝先前是一座交通、贸易发达的充满活力的城市，后来却永远被埋葬在灰烬之中。

"一开始，人们听到地下深处传来一阵轰隆声，如雷声一般。紧接着，一阵剧烈的震动撼动了大半个城市。在恐怖的六分钟之内，六万人丧失了生命。起初，海水退去，携卷着停泊在海上的大船小舟，堤道和海滨露出了水面。接着，它涨了回来，伴随着隆隆巨响，掀起了比往常高出十五米的巨浪。"这段话讲述的并不是庞贝城的故事，而是出自一位地质学家写的专栏，讲述了1755年11月1日里斯本大地震来临的时刻。当时，一股积蓄了千年之久的巨大能量在短短一瞬迸发，造成了骇人听闻的后果。我们很清楚，这样的灾难仍会重现。在伏尔泰的小说《老实人》中，坚持莱布尼茨[1]式乐观主义的邦葛罗斯[2]安慰幸存者们时，说："如果没有这场灾难，事物就无法继续进行了。因为一切都是最好的安排。"无论多么悲惨，在一位法国启蒙思想家的笔下，这个自然事件变成了人间喜剧中一个滑稽可笑的意外。

歌德把历史称作"上帝的神秘作坊"。在这个"作坊"里，堆积着对人类来说无关紧要的小事。只在极少时候，它们才会被某些时刻照亮，斯蒂芬·茨威格称之为"高光时刻"[3]。这些时刻"充斥着潜在的悲剧与厄运，在某一天、某一个小时，甚至常常是在一分钟内降临，无可避免"，改变的不仅仅是个人，还往往是一个

1 莱布尼茨（Gottfried Wilhelm Leibniz，1646—1716），德国自然科学家、哲学家、数学家，同牛顿并称为微积分的创始人。——编者注

2 《老实人》中家庭教师一角。——编者注

3 出自《人类群星闪耀时》一书。——编者注

民族，甚至所有民族的命运。

公元前 44 年的恺撒遇刺事件，当布鲁图和卡西乌将匕首刺入恺撒的身体，改变世界命运的那一刻，有了先前与后来。正如不幸的 1453 年 5 月 29 日也划分出了一个先前与后来。那一天，拜占庭帝国灭亡，年轻的土耳其苏丹穆罕默德[1]在圣索菲亚大教堂庆祝胜利。大约一千年以前，罗马城遭到了汪达尔人的洗劫，如今，这座象征基督教信仰的城市——君士坦丁堡也被劫掠一空。1815 年的 6 月 18 日，拿破仑遭遇滑铁卢的宿命时刻。还有纳粹德国在 1939 年 9 月 1 日入侵波兰国土的时刻，以及侵略欧洲和全世界的时刻。

每一个"宿命时刻"，都是一个个事件串联的结果。一连串的事件被紧密地编织在一起，经过漫长的发展，事件一个接着一个，然后突然成熟。历史这个"神秘作坊"不只生产武器和战争。其中一些"宿命时刻"如繁星般"熠熠生辉、永不熄灭"，用艺术的光照亮"人性的脆弱"。茨威格说："当艺术的领域诞生一位天才的时候，他将会颠覆时代。当这样一个历史时刻来临时，他的出现将会影响之后的数十年、数个世纪。"

在这本书中所提到的宿命时刻，都发生在最遥远的时空里。

---

1 这里指穆罕默德二世。——编者注

它们在数百年的黑暗中闪耀着，用数学照亮了人类的历程。一个不知名的誊写人，在数千年前的一个宿命时刻，冒出了一个天才的想法——用同一个抽象符号表示相同数量的动物或东西。伯特兰·罗素说，两只山鸡和两天都是数字2的例子[1]。印度、中国、东南亚地区和中美洲的人民，都陆续迎来那些宿命时刻：在他们的头脑中，一个非凡的想法成形了，即用一个特殊的符号表示虚无，这个符号后来成了一个数字。一个又一个世纪流逝，千千万万个人来到这世上又离去，才等到这些时刻的来临。

在那些颠覆时代的宿命时刻中扮演重要角色的人物，如毕达哥拉斯[2]，带有强烈的传奇色彩。他们埋头钻研不可能的问题，比如化圆为方[3]。他们将自己的才智倾注于探索数学的奥秘，创造了思维中的世界，并在其中找到了可以真实描述现代"宇宙工厂"的表达方式。不必借助幻想去解释这些宿命时刻的诞生，因为，正如茨威格所说，在那些超凡时刻，"历史不需要任何帮助"。

---

1 伯特兰·罗素：当人们发现一对雏鸡和两天之间有某种共同的东西（数字 2）时，数学就诞生了。——编者注

2 毕达哥拉斯（Pythagoras，前 580 至前 570 之间—约前 500），古希腊数学家、哲学家。他是西方最早提出勾股定理的人。——编者注

3 化圆为方是古希腊所谓的几何三大问题之一，即：求一正方形，其面积等于一给定圆的面积。——编者注

Istanti fatali

Quando i numeri hanno spiegato il mondo

尖叫的数学：令人惊叹的数学之美

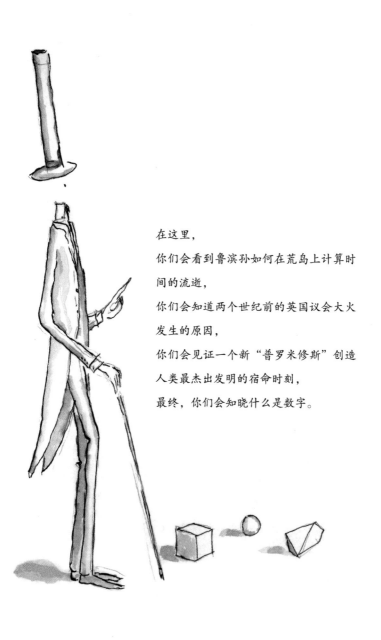

在这里，

你们会看到鲁滨孙如何在荒岛上计算时间的流逝，

你们会知道两个世纪前的英国议会大火发生的原因，

你们会见证一个新"普罗米修斯"创造人类最杰出发明的宿命时刻，

最终，你们会知晓什么是数字。

Chapter 01

第一章
计算时间和……物件

刻痕与结绳 >>

　　有人听说过鲁滨孙吗？他是丹尼尔·笛福写的一部小说《鲁滨孙漂流记》里的英雄。去年（2019 年）是这部小说诞生 300 周年。你们还记得它讲了什么故事吗？鲁滨孙年少时离开了自己出生的城市约克，在非洲海岸经历了数次惊险的冒险。之后，海员鲁滨孙在巴西定居，成了一个甘蔗种植园主，将种植园经营得顺风顺水。在巴西，只有少数获得西班牙国王和葡萄牙国王批准拥有奴隶专营权的商人可以进行奴隶贸易，但是他们不可以把奴隶公开贩卖给有需要的人。因此，鲁滨孙的朋友们——一群种植园主决定出资装备一条船，前往几内亚，购买大量的奴隶，偷偷地把他们运到巴西的一个海岸上卸下，然后瓜分。这帮人说服了鲁滨孙加入他们。

　　鲁滨孙十分不情愿出海购买奴隶。在海上航行了几周后，他们的船遭遇了一次可怕的暴风雨。船被狂风暴雨裹挟着，几天后触了礁，被撞得七零八碎，搁浅在了一座小岛附近。鲁滨孙上了岸，成了这次海难唯一的幸存者，其他船员则全部遇难。

在那里待了十天或是十二天之后，我突然想到，我没有纸笔和墨水，可能会忘记时间，甚至会把休息日和工作日弄混。为了避免这种情况，我把一个树干做成十字架的样子，竖在了自己第一次上岸的地方，用小刀在上面刻下了：我于1659年9月30日这一天在此处上岸。我每天都会在木桩的两边刻下划痕，第七天的刻痕比前面的长一倍。到了每个月的第一天，刻痕也会比前一天的长一倍。如此一来，我有了自己的日历，或者说是一个计算着周、月、年的记录柱。

在那一刻，在那片海滩上，身处那个时代的鲁滨孙再次发现和使用了一种人类数百万年前发明的计时方法。20世纪30年代，在摩拉维亚的下维斯特尼采出土了一块属于旧石器时代的狼骨，证实了这点。这块狼骨上有55道刻痕：最开始的25道，被均分成5组，每组5道，最后一道，也就是第25道，比前面的长一倍；接下来的30道刻痕，也被平均分成了6组。刻下这些划痕的史前人类或许是想数数他羊群里的羊，以5为基础的计数极有可能是从手的手指数目获取的灵感。可是，如果你们问他，他有多少只羊，他是无法回答的。他没有数字的概念，更没有可以表达数字的话语。他大概只能给你看看他刻在狼骨上的划痕，然后说：瞧，这刻痕和我的羊一样多。当羊群从我面前经过，我照着手指头，一组一组刻下的。

普罗透斯[1]的做法与此相同。荷马在《奥德赛》中写道，普罗透斯通常会"望着所有海豹，指着它们，五只五只地数着，然后躺下睡觉，就像羊群中的牧羊人"。鲁滨孙需要计算的可不是羊或海豹，而是周和月，因此他在计算中引用了一个重要的变

---

1 普罗透斯，希腊神话中的一个早期海神。根据荷马的《奥德赛》，普罗透斯住在尼罗河三角洲海岸外的法罗斯岛上，以驯牧海上的野兽为生。——译者注（除特别标注外，本书脚注均为译者注）

体。你们也会有同感，如果一个人想要计算时间的流逝，一只手上的五根手指派不上什么用场。与下维斯特尼采的牧羊人不同，鲁滨孙生活在 17 世纪，他有数字的概念，也知道计算。因此，他遵循基督教历法，不是在每个第五天，而是在每个第七天都刻一条双倍长的刻痕，做出的恰恰是糅合了古巴比伦历的犹太历[1]。

位于乌干达和刚果边境的爱德华湖边上有一个地方，叫伊桑戈。下维斯特尼采的狼骨出土后，过了大约二十年，在伊桑戈附近发掘出了一块骨头，或许是狒狒的一块小腿骨，大约出现在两万年前。和下维斯特尼采的狼骨一样，伊桑戈骨上也有大量刻痕，共有三列，每列的刻痕又有不同的分组。第一列共有 48 道，其他两列分别有 60 道。关于我们的远祖智人为什么刻下这些划痕，出现了各种各样的猜想。你们也可以推测一下。比如，每列的刻痕数都是 12 的倍数，这只是个巧合吗？其中一列每组的刻痕数为 11，13，17 和 19，都是 10 到 20 之间的质数，这也是偶然吗？有人猜测，如果这些刻痕数与质数没有什么更深的关系，那这也许是一种以 12 为基础的计量进制，就像我们钟表的计量系统一样，这个猜想正确吗？

---

1 即犹太国历，是一种阴阳历。——编者注

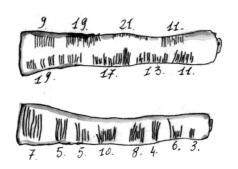

或许，刻在勒邦博骨上的 29 道划痕显示的意义更明晰。勒邦博骨也是狒狒的一块小腿骨，出现在约 3.7 万年前，于 1973 年出土于南非和斯威士兰之间的勒邦博山脉。有人猜想这块骨头上的刻痕有一种仪式的含义，与月相更替周期，也就是两轮满月之间的天数有着某种联系。这种推测确实看起来有道理。当人们在法国南部阿尔卑斯山的一个洞穴里发掘到一片旧石器晚期（约 1.2 万年前）的骨头时，他们发现，虽然远隔千里，相隔万年，但这片骨头上也有被分组刻下的 29 道划痕，使人不禁联想到阴历，怎能不为之惊讶呢？

卢梭称《鲁滨孙漂流记》为"有关自然教育的最贴切之论"。无论如何，当笛福写这本小说时，他当然不可能知道这些出土文物，可他对另一种类似的计数方法却有着直接的认识。这种方法在数世纪前被引入英国，在笛福生活的年代仍在使用。

在 12 世纪，亨利一世规定，财务部在木棍上刻痕以核算国家财政。1855 年 6 月 27 日，查尔斯·狄更斯在伦敦的行政改革协会发表了一场精彩的演讲，他毫不犹豫地称这种计数方式是"一种原始野蛮的方式"。你们可以想象，财政计算账目"就像鲁滨孙在荒岛上计算日子一样"！这种特别的计数方式是什么样的呢？将榆树枝做成的木棍纵向劈开，两边对应着刻上划痕。根据它们所要表明的数目，如 1，10 或者 100 英镑，或是先令、便士，刻痕间的宽度以及刻痕的深度有所不同。木棍短的一半留在英国银行，长的一半由借贷人保管。不管哪边增加还是抹除刻痕，都是很容易看出来的：对应的两半应该完全吻合一致。只有一边的话，不作数，也就是当时说的"半道痕（无用）"。这"半道痕"的意义一目了然，也无须多做解释了。

虽然难以置信，但这种计数制度在英国沿用了好几个世纪。随着时间流逝，狄更斯仍在坚持发声："无数的会计、书商和保险统计员出生又死去，可官僚还在依赖那些刻了划痕的小木棍，仿佛那才是宪法的支柱；财政部还在用一些榆树枝，也就是所谓的计数棒核算收支。"

我们看到鲁滨孙在孤岛上抱怨没有纸笔，不得不用过去刻痕的办法计时。（1913 年，詹姆斯·乔伊斯[1]在的里雅斯特的一场会

---

1 詹姆斯·乔伊斯（James Joyce，1882—1941），爱尔兰作家和诗人，20 世纪最重要的作家之一。

议上，认为鲁滨孙的行为"真实地象征着英国的掠夺，预示着帝国的形成"。从海难中幸存的鲁滨孙，口袋里仅剩一把匕首、一个烟斗和一包烟草，却是"真实的英国殖民者的典型模样"。）笛福所生活的大不列颠并不缺少笔墨纸、黑板和粉笔，更不必说 1760 年至 1820 年乔治三世统治的六十年里。或许是受英国改革影响，一些富有革命精神的人开始思考，是否应该摒弃这种已经落后的中世纪时使用的方法，转而使用纸笔。可所有官僚，仅仅只是听到这样一种"大胆新颖的想法"，就起身反对，讽刺挖苦狄更斯。直到 1826 年，计数棒制度才最终被废除。在举行了一系列会议、签署了无数备忘录和公文之后，所有的计数棒都堆积到了威斯敏斯特宫里。

这些堆积成山的腐朽的小木棍，该怎么处理呢？狄更斯说得没错：最简单的办法，也是每一个聪明人自然而然会想到的办法，就是把它们分给居民区的穷人当作薪柴。然而，负责销毁计数棒的人没有这么做，而是打算在威斯敏斯特宫的小壁炉里烧毁它们。最终，一个离谱的主意诞生了：在上议院的一个火炉里偷偷焚毁这些可笑的小木棍，就像鲁滨孙计划偷偷把奴隶运到巴西海岸一样。只是鲁滨孙的计划埋葬在大海里，而这个荒唐的办法则葬身在火海之中。1834 年 10 月 16 日的夜晚，火焰从塞满了一车木棒的火炉里，蹿上墙上的挂毯和木制覆盖物。很快，火势从上议院蔓延到下议院，最终整个议会大厦在这场世纪大火中化为灰烬。威廉·透纳[1]在泰晤士河边目睹了这一幕之后，创作了一幅画，描绘的正是这场大火[2]。

这种计数棒制度在其他国家也得了广泛的运用，只是最后的下场没这么惨烈。在《米歇尔·朗德：罗马历史》（1949 年）一书中，安德烈·菲利普讲述说，19 世纪中期前后，在法国圣艾蒂安城的乡村里，面包店老板还会用计数棒计算赊出去的面包数量。每到月底，妇女们会带着一根小木棒去面包店清账，木棒上有被锉刀刻出的划痕。面包店老板通常会用一根皮带把木棒穿起来，他会对比顾客手上的木棒与自己手中持有的副本。如果划痕相符，顾客就可以清账，然后丢掉木棒。当时的人们是如此依赖于使用计数棒，1804 年颁布的《拿破仑法典》第 1333 条甚至规定："如果主体利用刻痕来明确表示自己供应或购买的物品，那么只有正副本上的刻痕数量相符，才具有效力。"到了 19 世纪末，爱德华·卢卡斯[3]在他的《数字理论》（1891 年）中，也把面包师傅的

---

1 威廉·透纳（Joseph Mallord William Turner，1775—1851），英国著名画家。

2 即水彩画《议会大厦的大火》，是透纳在 1834 年创作的水彩画作品。——编者注

3 爱德华·卢卡斯（François Édouard Anatole Lucas，1842—1891），法国数学家。

计数棒和在远古洞穴中发现的刻有规律划痕的骨头做比较，以表明不只有法国乡村的面包师傅会使用刻痕计数。

这种在小木棍上刻痕以记录借贷数目的方式，不仅存在于瑞士、德国和俄国，还有意大利。路易吉·卡普安纳在小说《棺材》中也提到了这点。现在，我们来到19世纪下半叶，西西里的米内奥市。

有一天，科拉·纳斯卡推着小车来了，想一次性倒空圣弗朗切斯科的酒桶。唐纳·萨尔瓦特丽切天蒙蒙亮时就在店里了。她坐在拐角处，旁边是酒桶，一手拿着用来刻痕的木棍，一手拿着一把不值钱的铁柄小刀，以防哪个骗子偷窃。每倒满十六壶，她就在光滑的木棍上刻一道痕。木棍被一分为二，一半给纳斯卡，这样一来，他们就不会出错了。

但是，可怜的唐纳·萨尔瓦特丽切没法完成全部的操作了。她突然面色苍白，瞪大双眼，从椅子上跌落下来。她的动脉破裂了，而作为小说名字的"棺材"无疑成了她的最终归宿。直到20世纪中期，在西西里（还有阿普利亚和卡拉布里亚大区）一些地区的农民和店家似乎仍在沿用卡普安纳所讲述的这种方法，他们甚至有一句方言"arrumpiri li tagghi（毁掉划痕）"，意思是清账。德语中也有和这句差不多的话，如果"Kerbholz"指的是刻有划痕的小木棍，那么"etwas auf dem Kerbholz haben（字面意思是木上有刻痕）"指的就是有未付清的账，通常是为了保证公平。说到意为"保证公平"的习语，"mettere una taglia（刻一道痕）"似乎也来源于这种实践。

目前据人们所知，当欧洲广泛采用这种计数棒制度时，世界的另一端使用的却是其他计数方法。例如，秘鲁古代印加人用一种叫作"奇普（quipus）"的绳结计算各种事物，计量天文、巫术或者日常生活。根据编年史和发现的图像，人们发现，印加人使用一种叫作"优巴纳（yupana）"的算盘，在上面堆放、挪动种子进行计算，再将结果编结于奇普上。

费利普·瓜曼·波马·德·阿雅拉是一位出身贵族、皈依天主教的土著。他撰写的巨著《新编历史和好政府》为我们展现了印加风俗与文明，这部一千多页的手稿现存于哥本哈根的丹麦皇家图书馆。阅读这本书，我们就会知道，在西班牙人入侵印加帝国之后，仍保留了"奇普专员（quipucamayoc）"这个职位一段时间。奇普专员是印加帝国设立的负责编结和译解奇普的人员。然而，为了让当地人信仰基督教，西班牙政府决定解除奇普专员的公共职务，也毁掉所有奇普（幸好不是全部！），因为他们认为奇普是偶像崇拜的工具。

在《马可·波罗游记》中，我们会发现中国人民也采用了一种和印加人民类似的方法，并且沿用了数个世纪。中国最古老的文献之一《易经》中说"上古结绳而治"。这里的绳就像秘鲁的奇普。据希罗多德[1]说，波斯国在大流士一世统治时期就已经在使用这种结绳了。

---

1 希罗多德（Herodotus，约前484—约前425），古希腊历史学家，被西方史学界誉为"历史之父"，著有《历史》一书。

数字的发明 >>

　　无论是结绳，还是在骨头、木棍上刻痕，这些计数方法只存在于遥远的过去，在美索不达米亚平原上发现的计数方法也同样消失在了岁月的长河中。1928 年，在努兹——现今伊拉克摩苏尔南部的一个城市，考古学家在发掘遗迹时找到了一个陶土罐，个头比鸡蛋稍稍大些，可追溯至公元前 15 世纪，表面带有一些楔形文字。这些文字表示了不同的物体——48 只动物，其中有公羊、绵羊、羔羊和山羊。在罐子里，考古学家们发现了相同数量的陶土做的小物件。这个容器应该和狼骨或狒狒骨上的刻痕作用一样：用物件表示相应的动物数量。

　　也就是如今数学上说的一一对应关系：计算时，一根骨头或木棍上的每一道刻痕、一小堆石子中的每一颗、一个容器中的每一个物件都对应着一个物体，反之亦然。当然，这种对应关系，比如下维斯特尼采古人在骨头上刻下的划痕，无法直接显示物件的数量，呈现的只是有多少刻痕、绳结或小石子。在木棍上有序列地刻下划痕、结绳或是在容器中放置物品，已经是一个相当抽象的符号系统了，因为它们都与被计数的事物分离，既可以表示动物数量，也可以表示借贷量或者一个月的天数。然而，距离数字这个概念的诞生，还差一步，跨越数百年之久的一步。

在努兹出土的那个文物，应该是人们在遥远的古代所使用的东西。那可能是一个会计的陶土罐。会计在城门附近，计算牧人带去放牧的动物数量，眼前经过多少只牲畜，就在容器里放多少个陶土物件。这些物件或是形状各异，或是刻有不同的图案，以对应不同的动物。这或许是一位为地主工作的会计，地主雇用牧人带他的牲畜去城外放牧，会计负责计算牲畜数量。

可是，当牧人放牧归来时，如何确保无人使诈呢？也许，是牧人弄丢了一只羊，或是地主在容器里多放了一个物件，以索要

赔偿，或是会计意图诈骗双方？为了防止这一切的发生，找到的解决办法就是在陶罐外面刻上说明罐中内容的文字，然后密封陶罐。当牧人归来时，只要打破陶罐，检查物件数与牲畜数是否对应即可。这种方式貌似也被用来计算其他东西，如谷物、织物、餐具等。

就这样过去了数个世纪，直到又一个"普罗米修斯"出现，他突然意识到，需要使用一个不同的符号记录事物，而不必多次重复现用的符号来表示内容。伟大的逻辑学家伯特兰·罗素曾写道："经历了多个世纪，人们才发现两只山鸡和两天都是数字 2 的例子。"当人们发现这一点时，就是数字的抽象概念诞生的宿命时刻。这一刻就发生在美索不达米亚平原的一个城市里，一位佚名会计想到可以在陶罐的表面刻上一个符号，不管计算的对象是公羊、绵羊、山羊，还是谷物，都不会影响这个符号的所指。

你们试想，用同一个抽象符号表示相同数量的动物、谷物或花瓶！"其中内涵的抽象程度实在让人难以领悟。"罗素也发出了这样的感慨。面对数字，我们已经习以为常，所以很难体会到这个想法所具有的重要的变革意义。在《被缚的普罗米修斯》中，埃斯库罗斯[1]将那个宿命时刻的结果——数字称作普罗米修斯赠予

---

1 埃斯库罗斯（Aeschylos，约前 525—前 456），古希腊三大悲剧作家之一，被称为"悲剧之父"。

人类的最杰出的发明。这并非偶然。一旦掌握了数字的抽象概念，人们就会很快发现，比起像鸡蛋一样的圆罐，使用黏土板更方便。他们用一种装有硬片的工具笔在黏土板上刻出数字符号，也就是我们在古巴比伦黏土板上看到的那些数字符号。

看第一眼，我们就会很明显地注意到，一个数字产生于一个常数值的叠加总和，就像数学家们说的那样，这种记数系统采用的是加法规则。从黏土板上，我们就可以看见这种系统究竟是如何运行的。比如，你们看看表示数字1、2、3的符号：数字2的符号重复了两次数字1的符号，数字3则重复了三次。你们想一下，就会发现这个记数方式很眼熟。罗马数字Ⅰ、Ⅱ、Ⅲ也是这样的。

中文数字、古印度的婆罗门数字和笈多王朝[1]使用的数字，还有在大洋彼岸的玛雅数字，都采取了同样的方法。

总而言之，大多数的古代文明在表示前三个数字时，都采取了同样的方式：重复表示"1"的符号一次，两次，三次。仔细看看的话，现代的阿拉伯数字也体现了同样的重复方式。可是，从数字 4 开始，所有的文明就都放弃了这种重复。从巴比伦数字黏土板上也可以看出这一点。为什么呢？你们试想一下，如果要表示数字 23，需要重复排列表示"1"的符号二十三次，无论是书写还是阅读，都会很困难——怎么能一眼就看出它是 23，而不是

---

1 笈多王朝，古代印度摩揭陀的第一个封建王朝（约 320—6 世纪中）。——编者注

21 或者 24 呢？或许存在一个更深层的原因——对一些出生几个月的婴孩进行试验，结果证实人类与生俱来的数感的容量不超过三。

把这个问题留给认知心理学家深入研究吧，让我们回到巴比伦的数字黏土板。你们会发现，从数字 10 开始，这个记数系统变成了十进制的，一直到数字 60。回到之前举的例子，重复数字 10 的符号，旁边再加上数字 3 的符号，表示的就是数字 23。但是，我们的十进位法是按 10 的乘方序列进行的，即 1、10、10×10、10×10×10 等，而古巴比伦则是交替着使用 10 和 6，如图所示：

$$1, 10, 10 \times 6, (10 \times 6) \times 10, (10 \times 6 \times 10) \times 6 \dots$$

换句话说，这个系统实行的是以 60 为基数的六十进制，或者更准确地说，是采用了十进位法和六十进位法。

古埃及使用的也是一种十进位制的记数法，即他们的记数系统中存在表示常数值的符号（典型的有 1、10、…、10 的 n 次方）。为什么是十进制呢？因为在遥远的古代，用双手的十个手指计数是再自然不过的选择。这个解剖学上的细节，被爱德华·卢卡斯恰如其分地表述为"自然界的一个偶然事件",使十进位法成了应用最广泛的记数法。这种十进位法当然不是唯一的记数法,从数学的角度看,可能也不是最方便的记数法,也不是我们如今使用的十进制。

这种十进制,经由古代美索不达米亚(和埃及)人民,从印度地区传入西方。在此之前的数千年里,西方使用的是一种运用加法的记数法,一个数字是几个表示固定数值的符号叠加组合而成。我们最熟悉的罗马数字遵循的就是这个方法:V 表示数字 5,X 表示数字 10,L 表示 50,C 表示 100 等,这些特殊符号构成了罗马数字的加性记数系统。根据这种方法,数字 6 写作 VI,数字 11 写作 XI。在这个系统中还运行着减法规则:在一个符号的左边添加一个代表更小数值的符号,以表示一个数字,比如 IV 表示 4,IX 表示 9。

在古代,为了计算,一些民族不仅仅用上手指,还会用上脚趾。只有这样才能解释,为什么西非的一些地区、中美洲和欧洲的某些地方采用的是以 20 为基数的记数法。我们在许多语言中都可以看到它的踪迹。莎士比亚在《圣经》的英译本中找到了一个表达方式"three score and ten"(20 的 3 倍加 10),借麦克白之口用这个说法表示人类的平均寿命,也就是古稀之年。

"Four score and seven years ago(87 年前)。"1863 年 11 月 19

日，为悼念在南北战争葛底斯堡之役中阵亡的将士，林肯在葛底斯堡国家公墓揭幕式中发表演说，开篇便是这句，随即追忆美国的开国元勋。1776 年，北美洲十三个英属殖民地脱离英国独立，一个新的国家随之诞生。从那一年到 1863 年，正好过了 87 年。林肯纪念堂里有一块石刻，上面的铭文就是葛底斯堡的这场演说词。所以，在林肯所使用的英语里，"score"表示二十。一百年之后，在马丁·路德·金的演说中，也出现了这个词。1963 年 8 月，正是在林肯纪念堂的石阶上，他发表了著名的演讲《我有一个梦想》，开头便是"Five score years ago"（100 年前）。在现今流行的英语里，score 已经不再有那个含义了。

在英国，独特的十二进制与二十进制混合的货币系统也同样消失了。原先，根据这种货币系统，1 英镑等于 20 先令，1 先令等于 12 便士。1971 年引进了十进制货币系统，1 英镑等于 100 便士，而先令在 1990 年彻底停止流通。在巴斯克语、丹麦语和法语中，也能找到二十进制记数法的痕迹。从 quatre‐vingts（80）、quatre‐vingts‐dix（90），到 quatre‐vingts‐dix‐neuf（99），这些数词表明凯尔特族过去采用的是二十进制记数法，但同时又混合着六十进制，比如数词 soixante（60）到 soixante‐dix‐neuf（79）。

　　大洋的另一边，在中美洲的玛雅文明和阿兹特克文明[1]中，我们也看到了二十进制记数法，值得注意的是，与此同时还短暂地出现了表示 0 的符号，尽管它在历史上没有留下任何痕迹。事实上，玛雅仅存一些碑文残片和未被烧毁的 3 份刻本，能够证明它在科技上的发展。西班牙方济各会传教士迭戈·德·兰达，曾任尤卡坦半岛上的宗教裁判所所长。他是一个狂热的基督徒，决意摧毁玛雅的一切文明与宗教。1562 年 7 月 12 日，德·兰达下令在一场惩罚异教徒的火刑上烧毁玛雅的所有文稿。过了好多年，他才被控告进行了不合法的裁判，被遣送回西班牙以接受审判。或许是有所悔悟，他写下了《尤卡坦纪事》（写于 1566 年至 1568 年间），该书成为研究玛雅历史、宗教、文化，尤其是文字的第一手资料。后来，免于处分的他被腓力二世任命为尤卡坦总教区主教，并在尤卡坦结束了一生（葬在了梅里达的圣方济各修道院里，按照西班牙征服者的习惯，这座修道院建在一座玛雅金字塔的废墟上）。

　　我们所知晓的是，玛雅人用点线组成的符号表示 1 至 19 的数字，而表示数字 0 的符号则像一只半闭的眼睛，他们认为数字 1

---

1 阿兹特克文明，古代印第安人"后期古典"文明，由阿兹特克人创造。位于中美洲，主要分布在墨西哥中部和南部，是美洲古代三大文明之一。——编者注

至 13 是神圣的。（不仅仅玛雅人这样认为，古巴比伦的数字也有着神圣的含义，从天神安努开始，1 到 60 的每一个数字都与特定的神灵有关。）

在一些学者看来，二十进制、十进制，还有十二进制记数法都是基于手指的构造，或者更准确地说是一只手上四根手指的指节（大拇指除外，每根手指上都有三段指节）。一种用手指数数的常用方式，比如数右手上的指节，一旦数到 12，左手就记一根手指，直到用完 5 根手指（即 12×5＝60）。

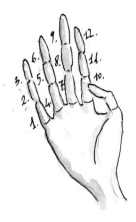

近东地区的人民可能也使用这种数数方式，这也许能够解释为什么 60 和 12 在他们的记数法中有着特殊的作用。

自然数 >>

几千年来，人类都在尝试建立数与物的对应关系，现代对数字的定义便是建立在这种实践之上。一旦人类学会计数，这种实践就显得"自然而然"了。或许正因如此，我们才把自然数称作"自然"数。

事实上，数字的概念一点也不"自然"。最早出现的语言中并没有表示抽象数字的名词，只有表示相同数量的名词。生活在亚马孙森林里的一些民族，比如皮拉罕人，他们仅有一些表示近似数的概念，他们能数到 2，遇到更大的数目，就只能用一个表示"很多"的词语。再比如蒙杜鲁库人，他们有表示 1 到 5 的词语，但是都被当作形容词来使用，计数时，他们会用"少"和"多"来表示。

自然数是如此不"自然"，因此，19 世纪末 20 世纪初的数十年里，对于自然数的定义，一些最伟大的数学家和逻辑学家莫衷一是，众说纷纭。比如，1887 年，身为数学家和生理学家的赫尔曼·冯·亥姆霍兹[1]认为，计数是"一种完全基于心理因素的行为"。在分析从一个数字过渡到下一个数字时，他发现这个过程依靠的是一个心理因素，"当一系列有意识的行为相继发生时，我们能够记住这个顺序"。接着，亥姆霍兹还谈到康德，"时间顺序构建了我们内在直觉的必然形式"。在他看来，数字的概念建立在这种时间顺序上。

逻辑学家戈特洛布·弗雷格[2]的想法则恰恰相反。弗雷格提出异议："算术与感觉没有丝毫关系，跟脑中的图像也没有多大关系。"亥姆霍兹的观点会"把一切都主观化"，最终会"破坏真相"。在弗雷格看来，算术根本不是什么主观科学，而是"一种发达的逻辑"。只有用"纯逻辑的规律"才能定义自然数，这种规律中也体现了一一对应的关系。弗雷格将数学逻辑化的立场，在 20 世纪得到了罗素的继承和系统化的发展。

《数是什么？数应当是什么？》是另一个数学家——理查

---

1 赫尔曼·冯·亥姆霍兹（Hermann Ludwig Ferdinand von Helmholtz, 1821—1894），德国物理学家、数学家、生理学家、心理学家。
2 戈特洛布·弗雷格（Gottlob Frege, 1848—1925），德国数学家、数理逻辑学家，是数理逻辑奠基人之一。

德·戴德金[1]1888 年出版的一本小册子的书名，也是他从那时起就一直在思考的问题。他给出的回答是："数是人类心灵的自由创造。"数学家只是在研究数的特性。

戴德金认为，数字科学依靠的是人类可以"使事物与事物之间产生联系"的能力，如果没有这种能力，"人类通常就无法思考"，就连天数也计算不了，或许只能像鲁滨孙在荒岛上那样算日子。戴德金首先讨论了元素的系统和系统的映射，以表现自然数的序列特点。他认为，思维中的不同事物可以在头脑中发生联系，形成一个系统，反之亦然，系统中的每一个元素都明确联系着思维中的一个图像、一个事物。通过讨论系统的概念和性质，戴德金用四个条件（或者说公理[2]）推导出了自然数的结构特征，以公理的形式建立了自然数的序列。

第二年，数学家、逻辑学家朱塞佩·皮亚诺[3]用拉丁语发表了《算术原理：用一种新方法的说明》（1889 年）。在这本书中，他介绍了一个自然数的公理集合。他本人也承认，这个公理集合与戴

---

1 理查德·戴德金（Julius Wilhelm Richard Dedekind, 1831—1916），德国数学家，近代抽象数学的奠基人。

2 公理，即根据经验，而不是逻辑推导获得的结论。

3 朱塞佩·皮亚诺（Giuseppe Peano, 1858—1932），意大利数学家、逻辑学家、语言学家。

德金的公理大致重合，尽管这个研究成果是他独立获得的。不同之处在于，戴德金将系统的概念和一一对应关系作为出发点，而皮亚诺将集合或者说特性、自然数、1 和后继数的概念作为讨论的基点。一个自然数 a 的后继数指的是按自然顺序排在 a 后面的数字。因此 1 的后继数是 2，2 的后继数是 3，以此类推。皮亚诺公理如下：

a）1 是自然数；

b）每一个确定的自然数，都有一个确定的后继数 a'，a' 也是自然数；

c）没有两个数有相同的后继数；

d）1 不是任何自然数的后继数；

e）任意关于自然数的命题，如果证明了它对自然数 1 是对的，又假定它对自然数 n 为真时，可以证明它对 n' 也真，那么，命题对所有自然数都真。

因此，皮亚诺并没有给出自然数的定义，而是用一个公理的集合规定了自然数序列的重要特性。这些公理至今仍被数学家们所采用。

可是，你们不觉得少了点什么吗？你们也许会注意到，在皮亚诺公理中，在刻有古巴比伦数字的黏土板上，在中文数字、罗马数字、古印度的婆罗门数字和笈多王朝使用的数字中，自然数序列的起始数字，并非我们如今会习惯性想到的 0，而是 1。皮亚诺后来也发现了这一点。这似乎暗示着 0 扮演了一个特殊的角色，正如独特的历史迎来宿命的时刻——0 登上了数学的舞台。

Istanti fatali

Quando i numeri hanno spiegato il mondo

尖叫的数学：令人惊叹的数学之美

在这里，

你们将会在遥远过去的几个瞬间，

在查理大帝的宫廷中，在莎士比亚的戏剧里，

在奥古斯丁的《忏悔录》和刘易斯·卡罗尔

的书中，看到时间与空间的空无。

无是道家所说的虚无，

是塞琉古帝国文字和中国汉字里数码与数

码之间留出的空白，

是吴哥时期一块石碑上的点，

也是五世纪时古印度人使用的点。

印度的 "sūnya" 是 cifra，也是 zefiro，

它被阿拉伯人带到西方的基督教国家，

成了莱布尼茨眼中上帝创造世界的象征，

最终，以空集的形式，衍生出所有的数字。

Chapter **02**

第二章

表示虚无的数字 0

虚无的悖论 >>

公元 800 年，在德国亚琛，那个久远的三月里的一个夜晚，阿尔昆[1]的学生——执事弗雷德吉斯[2]，为宫廷的贵族们读了一封信：《虚无与黑暗》。这是一封写给查理大帝的信，内容关于虚无与黑暗。当时的查理大帝正派军驻防在诺曼底的海岸。弗雷德吉斯在这封信中讨论的问题是虚无究竟是什么，抑或什么都不是。

虽然你们会觉得这个问题很古怪，但你们要知道弗雷德吉斯可不是第一个提出它的人。很多人都遇到了这个问题，但最后都放弃了，因为他们认为这个问题是"无法解释清楚的"。弗雷德吉斯的老师阿尔昆在《与丕平的讨论》中也提出了同样的问题。他

---

[1] 阿尔昆（Alcuin，约 736—804），英国学者、教育家。曾被法兰克王国的查理大帝请到宫廷中，委以帝国的教育改组事宜。

[2] 弗雷德吉斯（Fredegisus 或 Fredegis of Tours，约 8 世纪末—约 834），出生于英国，曾为查理大帝的宫廷服务，是一位僧侣、学者和作家。

问查理大帝的次子丕平："什么东西既存在又不存在？"这听起来就像个绕口令，一个没有意义的谜语，可是并没有难倒这个年轻人，丕平脱口而出："虚无。"可他的老师追问说，它如何做到存在，同时又不存在呢？"Nomineest，et re no est"，意思是，作为一个名词，它存在，可实际上并不是。总而言之，阿尔昆借丕平之口给出的解释是，虚无是一个词语，不是什么事物。

在宫廷里，贵族们不会一整夜都在探讨虚无的本质中度过。对虚无本质的思考可以追溯到很久很久以前。巴门尼德[1]著有哲学诗《论自然》，其中诗句晦涩难懂，因此研究他的学者们各执一词。在经辛普里丘[2]流传下来的残篇中，女神给出了提示，她告诉我们："只有那些研究途径是可以设想的。第一条是：存在'存在'，且是不可能不存在的……另一条则是：存在'不存在'，且这个'不存在'必然不存在。"巴门尼德在诗中接着说，不存在的虚无（或非存在）是无法想象或言说的："你既不能认知非存在（因为这是办不到的），也不能把它说出来。"在后面的残篇中，我们还会看到"因为思维和存在是同一的"，还有"有必要思考和言说究竟什

---

1 巴门尼德（Parmenidēs，约前 515—约前 445），古希腊哲学家，主要著作是《论自然》，如今只剩下残篇。他认为千变万化的世界只有"无"或"不存在"，主张"只有理性才能认识存在"。

2 辛普里丘（Simplikios，约 490—约 560），罗马帝国时期的哲学家、数学家。

么是'存在'。存在者确实存在，不存在者不存在。这些问题，我劝你好好思考"。

弗雷德吉斯对这番劝告做出了回应。他将对话拉回"逻辑"的地面，召唤"理性"，认为"每一个存在的名词都有含义"，例如"男人""石头""树"这些名词。如果"如语法家们所言"，"虚无"是一个既有名词，那么它就表示某样存在的东西。因此，弗雷德吉斯说，它就是一个有含义的词语，是"有意义的声音"，每一个含义都指向它所表示的东西。

　　从这里，我们可以得出结论，虚无"不可能什么都不是"。可如果它存在的话，我们自然而然就会问：那它是什么呢？又是怎么存在的呢？弗雷德吉斯并没有给出这些问题的答案。总而言之，虚无是一样存在的东西，只是无法准确说明它究竟是什么。人们居然能想象出一个符号来表示它？

　　弗雷德吉斯的问题，带我们回忆起了一段著名的有关修禅的对话。弟子问禅师如何才能顿悟。"只有感知到'空'，方能顿悟。"禅师回答说。弟子接着问："你说'空'，可它不该是一件可以感知的东西吗？""当然了，你可以感知到，"禅师肯定道，"只不过，它并不是某样东西。"于是，弟子又问："既然它不是某样东西，又感知什么呢？"禅师解释说："在禅的哲学里，'真正的悟'是'感知空无一物的境界'。"

　　回到基督教传统中，弗雷德吉斯的论述使我们想起了奥古斯丁[1]在《论教师》一书中与阿德奥达图斯的对话。奥古斯丁告诫世人，最好放弃思考这类问题，以免得出"我们不受任何束缚，却困于虚无"这样的谬论。其实，当我们讨论时间的概念时，也会遇到同样的问题。奥古斯丁在《忏悔录》中说："无人向我发问时，

---

1 奥古斯丁（Aurelius Augustinus，354—430），俗称圣奥古斯丁，古罗马基督教思想家，教父哲学的主要代表。

我知道时间是什么，可'一旦有人向我提出这个问题，我想解释，却不知如何作答了'。"他补充说："如果没有东西逝去，则不会有过去的时间；如果没有东西到来，则不会有将来的时间；如果没有东西存在，则不会有现在的时间。"

由此可见，虚无成了划分时间的工具。达·芬奇也在《大西洋古抄本》里写道："在我们身边所有伟大的事物之中，虚无是最伟大的。"他赞同奥古斯丁的说法，接着写道："虚无安坐在时间里，舒展它的四肢，向过去和将来延伸。不可分割的现在，不属于它，但它占据了所有过去以及未来会出现的成果，这些成果和动物一样，都是自然的产物。"

或许，这些在你们看来都是些无用的诡辩论、毫无意义的文字游戏。然而，事实并非如此，在卢多维科·杰莫纳特[1]看来，弗雷德吉斯讨论的问题是"人类理性所能思考的最困难的几个问题"。弗雷德吉斯凭借他"敏锐的头脑"，以"鲜有的聪慧"发现和探讨了"虚无"的自相矛盾，为现实构想留下了挑战。许多现代逻辑学家，比如戈特洛布·弗雷格和伯特兰·罗素，仍不得不思考这个问题。

这位加洛林王朝的执事所读信笺中的第二个问题，困扰着查

---

1 卢多维科·杰莫纳特（Ludovico Geymonat, 1908—1991），意大利马克思主义哲学家。

理大帝，于是他向一位爱尔兰修道士敦加洛求助：《圣经》中说上帝创世纪时，"覆盖着深渊"的那片黑暗究竟是什么？如果像《圣经》中读到的那样，世界是从一片虚无中产生，又或是像奥古斯丁在《忏悔录》中说的，是从"一片无形的虚无中"产生的，那么在上帝创造万物之前就已经存在的这片虚无是什么？我们不知道敦加洛的回答是什么，但可以肯定的是这个问题开启了数个世纪的大讨论。

实际上，安瑟伦[1]为了证明上帝存在，在《证据》（写于 1077年或 1078 年）中写的推论，与弗雷德吉斯相差无几。就连否认上帝存在的"傻瓜"，在听到上帝是"世人无法说出比他更伟大的存在"时，也无法否认上帝的存在，他必须承认上帝是存在的。查尔斯·德·波富勒斯[2]在他《论虚无》（1509 年）的小册子中给出了简洁的结论："如果虚无存在的话，那么一切事物都存在；如果一切事物都存在的话，上帝就存在。因此，如果存在虚无，就存在上帝。"

康德在《证明上帝存在唯一可能的证据》（1763 年）中反驳安

---

1 安瑟伦（Anselmus，1033—1109），意大利中世纪哲学家、神学家。

2 查尔斯·德·波富勒斯（Charles de Bovelles，1475—约 1566），法国哲学家、数学家。

瑟莫的本体论，认为仅从一个事物的概念中无法推导出它的实存。1932年，鲁道夫·卡尔纳普[1]认为"上帝""虚无"等构成命题的言辞缺乏意义，清除了整个命题。在《通过语言的逻辑分析清除形而上学》中，卡尔纳普说："在形而上学领域里，逻辑分析得出了反面结论——这个领域里的所有断言陈述全都是无意义的。"总而言之，在卡尔纳普看来，形而上学命题是没有任何意义的伪命题。

卡尔纳普以海德格尔[2]《什么是形而上学》（1929年）一文中"虚无虚无化（das Nichtsnichtet）"这一表达为例。他首先认为"虚无化"没有一个明确的含义，其次"虚无"只是把否定句中的"无"（不正当地）名词化了，想让虚无作为实体存在，可从逻辑的角度看，"虚无"只是否定了"至少存在一样东西"。总之，它就是一个双关语，一个文字游戏。在文学里，这样的例子数不胜数，我们最早可以回想到《奥德赛》中机智的奥德修斯。奥德修斯告诉独眼巨人波吕斐摩斯，自己的名字叫"没有人"，因此，当波吕斐

---

1 鲁道夫·卡尔纳普（Rudolf Carnap, 1891—1970），20世纪美国著名分析哲学家，经验主义和逻辑实证主义的代表人物。卡尔纳普是学物理和数学出身的，在耶拿大学曾受业于弗雷格，研究逻辑学、数学、语言的概念结构。

2 海德格尔（Martin Heidegger, 1889—1976），德国哲学家，存在主义的主要代表人物之一，主要著作有《什么是形而上学》《形而上学导论》《现象学的基本问题》等。

摩斯向其他独眼巨人大声呼喊"没有人攻击我"时，没有其他独眼巨人前去援救。

　　刘易斯·卡罗尔[1]一定是从荷马笔下的"没有人"——奥德修斯身上获得了灵感。他在《欧几里得和他的现代对手》中，以一种机智和讽刺的对话形式，捍卫欧几里得的《几何原本》，让现代批判《几何原本》的人接受米诺斯[2]的审判。受欧几里得的幽灵召唤，一位德国教授的魂魄出现在了米诺斯面前。欧几里得说："他是我一位了不起的朋友，博览群书。不管论点命题是真是伪，他都能辩护。""真是一位厉害的朋友！"米诺斯惊叹道，"他叫什么名字呢？""魂魄没有姓名。"欧几里得回答说，"只有数字。您可以叫他'没有人先生'，或者123456789。"就这样，"没有人先生"的魂魄把一堆"幽灵书"交给米诺斯审判，就是那些欧几里得现代对手的作品。

　　卡罗尔在《爱丽丝镜中奇遇记》（1871年）里也利用了"没有"的矛盾含义，玩了同样的文字游戏。白方国王称赞爱丽丝目光敏锐，

---

1 刘易斯·卡罗尔（Lewis Carroll，1832—1898），英国作家、数学家、逻辑学家、摄影家，以儿童文学作品《爱丽丝梦游仙境》与其续集《爱丽丝镜中奇遇记》而闻名于世。
2 在希腊神话中，米诺斯是克里特之王，宙斯和欧罗巴的儿子，是冥界三判官之一。

可以远远看见路上没有人。"路上没有人。"爱丽丝说。国王烦闷地说："我要是能有你这么一双眼睛就好了，可以看见'没有人'，而且也能看得这么远！"当信使气喘吁吁地到达时，国王问他："你在路上看见什么人了吗？"信使回答说："没有人"。"这就对了，"国王说，"这位小姐也看到了'没有人'。如此说来，那个'没有人'走得比你慢。"信使则夸口说："我敢肯定，没有人走得比我更快！"国王说："'没有人'不可能走得比你更快，要不他早该到了。"

在莎士比亚的《李尔王》中，葛罗斯特伯爵和爱德蒙的对话也玩了"没有"的概念游戏。葛罗斯特伯爵问："你在看什么？""没有，先生。"爱德蒙回答说。"没有？"葛罗斯特伯爵追问，"那你为什么慌慌张张地把它塞进口袋？如果没有，就没必要遮遮掩掩。拿出来给我看看。快点，如果没有的话，我就不必戴上眼镜。"

虚无的空间 >>

　　当弗雷德吉斯念着他的信时，在世界的另一端，生活在中美洲的玛雅人以及印度、中国和东南亚地区的人民早已发明了一个代表虚无的符号，并运用在了文学或数学的文本中，你们对此不觉得惊讶吗？你们想想：一个表示虚无的符号！实在矛盾又不可思议，真的需要付出难以想象的努力去启用抽象思维才能领会这一点！当然，弗雷德吉斯没能知晓这点，但是，他注意到在《物理学》中，亚里士多德将"虚无"定义为"空无一物的空间"，与此同时，亚里士多德还主张不存在"虚无"，反对德谟克利特[1]的思想。德谟克利特将"虚无"命名为"非存在"。

　　亚里士多德的观点支配了西方思想界数百年之久。零——这个

1　德谟克利特（Dēmocritos，约前460—约前370），古希腊唯物主义哲学家、自然科学家，原子论创始人之一。

表示虚无的符号之所以诞生在了那些未受亚里士多德思想所影响的地方，原因或许正在于此！可以肯定的是，零就像一条岩溶河，在古代数学中，以不同的符号形式，在不同的地点消失又重现，表示不同的用途和含义。不断涌现的诸多"宿命时刻"在给出满意答案的同时，又会提出更多新的问题。

　　早在印度之前，古巴比伦的天文学家以及玛雅人和中国人就已经开始使用"位值原则"，在这一点上，目前学者们已经达成一致。这个"位值原则"指的是什么呢？举个例子，古巴比伦人使用的六十进位法，正如我们在上一章所看到的，是按顺序（或者说乘方）依次进行的：1，60，60^2……根据位值原则，如果一个数字由不同位上的几个数组成，那么每个位上的数的值就取决于它在数字里的位置。比如，在古巴比伦的记数法中，数组"3；4；5"表示数字 $3 \times 60^2 + 4 \times 60 + 5$，而在数组"5；4；3"中，同样的符号占据了不同的位置，表示的就是完全不一样的数字 $5 \times 60^2 + 4 \times 60 + 3$。然而，在我们看来，古巴比伦的记数法无法避免歧义。举个例子，在一座波斯古城——苏萨发现了一块黏土板，上面用楔形字体刻了数字"10；15"。这个数字怎么解读呢？它指的是 $10 \times 60 + 10 + 5 = 615$ 吗？还是表示 $10 + 10 + 5 = 25$？换句话说，怎么才能知道它是不是从六十进位法中从一个数位进到了另一数位上呢？为了避免混淆，有时誊写人会留出一点空白或是刻上一个特殊的标记。

　　这个记数法还存在一个更严重的缺点：当数字中缺少某个数位上的数码时，没有符号可以表示。遇到这种情况怎么办呢？在苏撒发现的另一块黏土板可以看到，誊写人在缺少数码的数位上留出了一块空白。如此一来，比如数字"3；4"表示的是 $3 \times 60 + 4$，如果在 3 和 4 之间留白，表示的就是 $3 \times 60^2 + 4$。留出空白看似可行，可如果缺少的不是一个数位上的数码，而是两个甚至更多连续数位上的数码，又该怎么办呢？而且，有时，誊写人如果觉得计算的情况可以排除歧义，也会忽略留白。比如，假如计算的是一群牲畜，很难会想到"3；4"表示的是 $3 \times 60^2 + 4$，甚至是 $3 \times 60^3 + 4$。

　　无论如何，除了这些明显的歧义，留白也并非意味着有了一个可以表示虚空的符号。人们还需要经过数个世纪的等待，才会看到一个表示零的符号出现，即便这个符号瞬息即逝。

　　奥托·诺伊格鲍尔[1]是一位研究古巴比伦数学的杰出学者。他认为，这个记数法在初期所展现的这些缺点之后消失了。"后期，古巴比伦人在编辑天文计算结果时，会使用一个特殊的符号来表

---

1 奥托·诺伊格鲍尔（Otto Eduard Neugebauer，1899—1990），美国籍奥地利裔数学史学家，天文学史学家，对古巴比伦数学史尤有研究，破译了不少古巴比伦楔形文字的原始资料。

示零。"在当时那个阶段的一个宿命时刻，一位不知名的誊写人突然想要创造一个特殊的符号，放在一个数字中不同数位上的数码之间，然而奥托·诺伊格鲍尔后续的研究表明，"直到最后，我们也没有在巴比伦的文字中看到任何表示数字末位数码为零的符号。"

如果在美索不达米亚平原上，真的出现了这一宿命时刻，那它是什么时候出现的呢？奥托·诺伊格鲍尔认为："在巴比伦数学中何时产生了表示零的符号，关于这个问题，无法给出一个确定的回答。"几乎可以肯定的是，在公元前 1500 年以前还不存在表示零的符号，但在塞琉古帝国的美索不达米亚平原上，"自公元前 300 年起，我们发现人们一直在使用这个符号。"它就像一个占位符，一个会说话的符号："注意啦，这儿是空的！

这个数字的这个数位上没有值！"托勒密[1] 在《至大论》（约 130 年）中也采用了巴比伦的六十进位记数法和一个类似字母 o 的特殊符号。这个符号，就像占位符一样用来表示空白，既可以插在不同数位上的数码之间，也可以放在末位。尽管如此，这并不意味着人们终于开始使用零了。这个符号还远远不是我们如今的记数系统中所用的零。距离零出现的宿命时刻的到来，还差好几个世纪！

　　李约瑟[2] 认为，中国对十进位值制记数法的运用最早可以追溯到公元前 8 世纪。在商代的甲骨上刻着以不同方式排列的算筹，表示不同的数词。这一事实似乎证实了当时的中国是最早能够用不超过九个的数词来表示任何数字的国家之一。两千年来，早在印度发明且后来为西方所熟知的那一套记数符号之前，中国人就发展出一套以十进位值制为基础的算术。然而，貌似中国人在一个数字中遇到零时，也会留下空格。总而言之，当时仍没有一个表示零的符号，而只有一块空白。

---

1 托勒密（Claudius Ptolemaeus，约 90—168），古希腊数学家、天文学家、地理学家、地图学家，提出了"地心说"。

2 李约瑟（Joseph Needham，1900—1995），英国科学家、胚胎生物化学创始人、汉学家，所著《中国科学技术史》对现代中西文化交流影响深远。

　　这样的情况一直持续到了8世纪，就像敦煌石窟中发现的几卷手稿上，例如405被写成了 |||| ||||| ，即四根竖条和另外五根竖条被一块空白隔开。2004年，学者们重现了以算筹作为工具的所谓"直观"的筹算，表明算筹可以看成一个包含零的十进位值制记数系统，而零由空格表示。《开元占经》是一本大唐开元年间的天文学论著，成书时间在718至726年之间，其中有一章是关于印度记数法的，其中提到"每空位处，恒安一点"。因此，将零的符号带到世间的那个宿命时刻，或许是在印度出现的！

　　如果想知道所有被包含在"sūnya"这一词中的各种概念是如

何发展的，古印度文献《吠陀》是可供研究推测的资料。古印度人在数学文本中使用 "sūnya" 这一词表示零，而在此之前，"sūnya"有许多不同的含义（主要表示"虚空"或者"无"）。吠陀时代的数学文献残缺不全，但是根据公元前 3 世纪中期的一篇梵文文章，我们可以推测，当时一种位值制记数法的思想已经广泛传播。在公元前 3 世纪到前 2 世纪的有关梵文诗律的著述，例如宾伽罗[1] 的《诗律经》中，为了避免一个数字由多个重复的音节组成，出现了一个表示零的符号（虽然目前仍不清楚它是不是一个位置标记的组成部分）。

印度的十进位值制记数法是何时以及如何发展起来的？零的符号又是在什么时候、如何产生的？即使是最权威的学者，这些问题也仍是谜团。有可能是中国的僧人去印度取经时，印度人从他们身上学会了中国的算筹记数法，也可能是印度人根据之前那些非位值制记数法，自己逐渐发展出了一套十进位值制记数法，又或者是他们在希腊 – 巴比伦的天文学论著中看到数位上的空白，获得了灵感。

李约瑟认为，就像空格和特殊符号的出现一样，在中印文化

---

1 宾伽罗（Piṅgala）是生活在公元前 2 世纪至 3 世纪的古印度学者，其著作《诗律经》是有关诗歌格律的重要著述。

区的交界，也同时出现了一个碑文上的"零"，很难说这是一个简单的偶然事件。但有可能是他们为了创造一个表示"空"的符号，借鉴了道家的"虚无"，还有印度哲学中的"空无"。对那些不了解东方神秘主义的人来说，他们会感到"一片完美的彻底的空白"，就像刘易斯·卡罗尔的《猎鲨记》（1876 年）中船长买的那张海图一样。在那幅海图上，连一丁点陆地也没有，船员却欣喜不已，因为这样的地图轻易就能看懂。

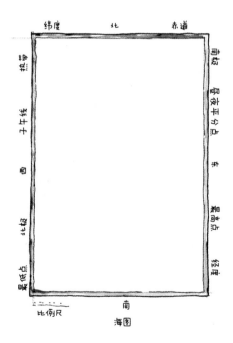

零变成了一个数字 >>

那么，零究竟是在哪里，在哪一刻突然具体化的呢？公元 4 世纪，在一些往世书里，例如同时代的《风神往世书》和《火神往世书》（也有部分学者认为，创作时间在公元 2 世纪），有几处就提到了十进位值制记数法。我们可以在公元 6 世纪的哲学著作中找到例子："同一个符号，在个位上时称作一，十位上时称作十，百位上时称作百"或者"尽管始终是同一个符号，但是位置一经改变，它所表示的值就会变成一、十、百、千……"。

著名的《瑜伽经》约在公元 5 世纪由钵颠阇梨编纂而成，书中也有一段类似的评注："一竖线，位于百位，意为一百；位于十位，意为一十；位于个位，意为一个。女人也正是如此，被'不同的人'唤作母亲、女儿、姐妹。"总之，这段文字提到的也是十进位值制记数法。

诞生于同一时代的一篇讨论宇宙的耆那教文献表明，一个代表零的符号已经出现了——最初用一个点表示零。苏般度是皇帝鸠摩罗·笈多一世（415—455 年在位）的一位朝臣。在他的作品《仙赐传》中，有一首诗："繁星闪烁，如零点散落在天空。"同时，零点也拥有了一个真正的算符所具备的功能：在一串数字后面添上一个零，意味着将这个数字翻十倍。诗人比哈里拉尔是这样赞美他的恋人的："她额上的一点／将她的美放大了十倍／正如一个表示零的点／将一个数放大了十倍。"

人们发现，在塞琉古帝国的天文学文献中，一些数字里数码与数码之间存在空位。从那之后，人们经过了数百年的等待，终于迎来了这一宿命时刻吗？可以说是，也可以说不是，零就像喀斯特地区的河流，在印度文献中时而出现，时而消失。在《阿里亚哈塔历书》（约成书于公元 500 年）中，伟大的数学家阿耶波多[1]采用了一种没有零的位值记数法。塞维鲁斯·塞博赫特是一位叙利亚的主教，出生在尼西比斯（如今的努赛宾），生活在幼发拉底河畔的一座修道院中。或许，他也提到了这种位值记数法。事实确实如此，在 662 年的一份手稿残片上，塞博赫特谈论了印度在天文上的一些精准发现，他们的计算法，以及他们"高明到无法

---

1 这里指阿耶波多第一（Āryabhata Ⅰ，476—约550），5 世纪末印度著名数学家及天文学家。

形容的计算方法。所有的计算只用九个数字来完成"。因此，没有表示零的符号。然而，当塞博赫特撰写这段广受赞誉的评述时，印度数学家们早已开始运用一个表示零的特殊符号，还规定了十进制算术的一些重要特性。629 年，婆什迦罗第一在评论阿耶波多的《阿里亚哈塔历书》时说明了这些特性。

　　总而言之，这宿命时刻已经到来，且注定在人类历史上留下永远的印记！零不再是一个占位符，而是一个数字。我们从小学会运用的是十进位值制记数法，而我们之前看到，埃及人或罗马人的记数法是十进制记数法。那么这种十进制记数法和我们的十进位值制记数法有什么区别呢？1795 年，皮埃尔·西蒙·拉普拉斯[1]在巴黎高等师范学院教授数学课时，清晰地解释了这一点。我们从印度数学家们那里学会的记数法依靠"一种巧妙的方法，用十个符号就能表示所有数字（每个符号的值既取决于它本身的数值，又取决于它所在的位置）"。这个方法简直精妙绝伦，别提有多天才了！如此一来，比如数字 308，数码 3 本身的值为 3，同时它所在的位置对应的是百位，因此表示 300，而在数字 803 中，相同的数码 3 仍保有本身的绝对值 3，但由于所在位置变成了个位，

---

1 皮埃尔·西蒙·拉普拉斯（Pierre Simon de Laplace，1749—1827），法国天文学家、数学家和物理学家。

所以表示 3。在这两个例子中，0 都表示十位上没有值。"时至今日，"拉普拉斯说，"位值制的概念看起来是如此简单，以致人们不再重视它的意义以及它深刻的重要性。"如果当时人们都不重视，更别说今日的人们了，就算这是一个改变了历史进程的概念。

628 年，在《婆罗摩笈多历算书》中，婆罗摩笈多[1]论述了零的特点，规定 $a-a=0$，$a \times 0=0$，还有 $0 \times 0=0$。然而，当遇到一个除以零的数，连像婆罗摩笈多这样杰出的数学家也会出错，他认为一个数除以零会得到某个确定的值（虽然他也说不出来是哪个）。他还认为"0 被 0 除，结果是 0"。在婆罗摩笈多的《婆罗摩笈多历算书》问世两百多年之后的 850 年，马哈维拉[2]也在《计算纲要》中写道："当一个数除以零，这个数字不变。"

在婆罗摩笈多之后过了五个世纪，伟大的天文学家婆什迦罗第二[3]在他的《算法本源》中写道："在这个以符号 0 作为分母的量中，可以加入或取出任意量而无任何变化发生，就像那个无穷的永恒的上帝永远不会发生变化一样。"中世纪的翻译家在翻译这段话的时候，适当地改写了一下，将原文中的毗湿奴换成了基督

---

1 婆罗摩笈多（约 598—约 668），印度数学家和天文学家。

2 马哈维拉，印度数学家。

3 婆什迦罗第二（Bhāskara Ⅱ，约 1114—1185），印度数学家和天文学家。

教徒的上帝。婆什迦罗第二用神做隐喻，看似想说明以 0 为分母的一个分数是无穷大量，可在那本书后面的部分，他又（错误地）认为一个有限量乘零的同时又除以零，结果仍是一个有限量，即 $(a \times 0) \div 0 = a = (a \div 0) \times 0$。

马哈维拉的《计算纲要》问世以后，过了几十年，又一个宿命时刻降临了——在实物上第一次出现和如今的 0 一样的符号"0"。距离新德里南边 400 千米的中央邦，有一个城市叫瓜廖尔。在瓜廖尔的恰图尔伯胡吉寺庙里，人们发现了一块石板，上面刻有一个年份，对应 876 年，而零则出现在了两个数字 270 和 50 中。这篇用婆罗米文刻写的碑文实际描述的是一个花园，大小为

187×270 手距[1]。这个花园产出的花，每天足够制作 50 个供寺庙使用的花环。

而在此之前的上一个宿命时刻里，具体化的零点似乎出现在一块石碑上。20 世纪 20 年代，在柬埔寨的三博波雷古寺发现了吴哥时期的一块石碑。石碑上的文字是高棉文，记录了塞迦历的某一年，上面写着"塞迦历 605 年，下弦月的第五天"，6 和 5 之间的 0 是用一个点表示的。公元 78 年是塞迦历的起始年，因此碑文记录的年代应该是 683 年。

印度数学家的成果跟随阿拉伯人在地中海沿岸传播了好久，才最终来到中世纪欧洲翻译家的手中。穆罕默德·花拉子米是一位数学家，出生于乌兹别克斯坦，生活于 780 年至 850 年间，著有《代数学》(*Al-kitāb al-mukhtaṣar fī ḥisāb al-ǧabr wa'l-muqābala*)。代数 (algebra) 一词出自书名中的阿拉伯文 "al-jabr" 的拉丁转写，演算法 (Algorism) 则出自作者花拉子米 (al-Khwārizmī) 的拉丁文译名。在《代数学》这部论著中，没有公式，没有零，甚至连九个印度数字也没有出现。而在公元 8 世纪以前，阿拉伯人使用的是从希腊人那里学来的记数法，传统的希腊数字是用字母表示的。花拉子米在另一部作品——《印度的计算术》中提到了零，

---

1 一种长度单位，一手距相当于 0.457 米。

"圆圈即无"。我们如今只能看到这部作品的拉丁文版本，与遗失的阿拉伯文真本相比，它在内容上做了相当多的改动。

印度人最初将零命名为"sūnya"，阿拉伯人将其翻译为"sifr"，后来又根据谐音拉丁转写为 zephirum，由此衍生出 zefiro，最后变成了 zero。焦尔达诺·内莫拉利奥[1]也把它翻译成 cifra。乔瓦尼·迪·萨克拉博斯科[2]在他流传广泛的著作《论算术》（成书于1225 年至 1230 年间）中写道："第十个数'零'被叫作 theca，也被叫作 circolo、cifra，或者空无的数，因为它意味着空无，可它又以占据位置的方式，赋予了其他数码意义。"这使我们不禁回想起弗雷德吉斯的话。对平民百姓而言，"cifra"指的是一个神秘的符号，而在学者眼里，它是零的近义词。

萨克拉博斯科的《论算术》问世前的数十年中，在托斯卡纳地区的城市里，算术老师们看的是斐波那契[3]的《算法之书》（1202年）。斐波那契在这部非凡的作品中说："印度运用九个数字进行计算的算法令人赞叹，在学习这种算法的过程中我获得了极大的

1　焦尔达诺·内莫拉利奥（Jordanus Nemorarius）是一位 13 世纪的欧洲数学家和科学家。

2　乔瓦尼·迪·萨克拉博斯科（Johannes de Sacrobosco, 1195—1256），是一位僧侣、学者和天文学家，曾在巴黎大学任教。

3　斐波那契（Leonardo Fibonacci，约 1170—1250），意大利数学家，西方第一个研究斐波那契数，并将现代书写数和位值表示法系统引入欧洲的人。

愉悦，也想知道，在埃及、叙利亚、希腊、西西里和普罗旺斯，人们学的又是什么。"这就是他为什么跟随父亲前往布日伊（如今的贝贾亚市，离阿尔及尔市不远）。其父亲受比萨共和国国王之命，于 1192 年左右前往布日伊。后来，斐波那契又沿着地中海海岸一路学习（也做生意），一直到君士坦丁堡。《算法之书》大受欢迎，于是他又在 1228 年编辑了新版本的《算法之书》，也就是今人所看到的这一版。他在第一章的开头写道："印度的九个数字是 9，8，7，6，5，4，3，2，1，用这九个符号，还有被阿拉伯人叫作 zefiro 的符号 0，就可以表示任意数字。"

随着时间的流逝，那九个符号和 0 沿着贸易和朝圣的道路，进入了欧洲，穿过了英吉利海峡。"现在你不过是个零"，傻子对李尔王说，"我现在还比你强，我是个傻子，而你什么都不是。"一个 0，就像罗伯特·雷科德[1] 在《艺术基础》（1543 年）中教授的那个 0。《艺术基础》是 16 世纪英国最流行的算术书，在整个 17 世纪再版了多次。莎士比亚极有可能也学过这本书。"在算术中只用到十个符号。在这十个符号中，有一个表示'无'，它的写法像一个 O，有个特别的名字，叫 zero（cipher），虽然有时候其他数

---

1 罗伯特·雷科德（Robert Recorde，约 1510—1558），可以称得上是英国第一个数学教育家。他主张用通俗易懂的本国语言编写数学书，并努力寻找确切的英语词汇代替晦涩的拉丁文与希腊文的术语。

字也可以叫作 cipher。"确实，cipher 这个词意义不明，有时表示零，有时表示某个数字。莎士比亚就利用了这一点。

在《冬天的故事》中，波利克塞尼斯把零理解为一个算符："如果把零（cipher）放在正确的位置上，数量就会加倍，因此，我要在以前已经说过的千万次道谢之上，再加上我千倍万倍的感谢！"而在《亨利五世》的开场合唱中，零则被当作一个数字，"可不是，一个小小的圆圈，凑在数字的末尾，就可以变成个一百万。那么，就让我们凭这点渺小的作用，来激发你们庞大的想象力吧"。

0和1，一切数字的渊源 >>

　　1696年5月18日，沃尔芬比特尔市。当时的莱布尼茨，不仅是一家图书馆的馆长，也是不伦瑞克－沃尔芬比特尔公爵鲁道夫·奥古斯特的私人顾问。在这一天，他与公爵就神学与数学探讨了许久，这些话题引发了公爵极大的兴趣。在一份笔记中，莱布尼茨思索着"万物不是源自上帝，就是源自虚无"，这也是他和公爵讨论的话题之一。同时，他也在思考上帝在《路加福音》（10：42）中对马大说的话——"只有一样东西是必要的"，拉丁文语写作"Unum necessarium（唯一的必要）"。伟大的神学家和教育家夸美纽斯[1]将Unum necessarium作为他1668年的一部作品的名字。那是一部类似遗嘱的书，写成两年后，夸美纽斯

---

1 夸美纽斯（Johann Amos Comenius, 1592—1670），是一位以捷克语为母语的摩拉维亚人，职业为教师、教育家与作家，是公共教育的最早拥护者。

逝世。

　　莱布尼茨用数学的四则运算，向公爵举例说明了一种仅仅基于两个数字，即 0 和 1 的记数系统。在那一宿命时刻，一个想法最终成形了。实际上，莱布尼茨非凡的头脑在 1679 年春已经冒出了这个想法——在《论思索伟大技艺的本质》[1] 的残存片段中，他写下了"除了无，也就是虚无，剩下的一切都是上帝为自身创造的东西"。这使莱布尼茨联想到了"一种惊人的相似"。或许可以使用一种二进制，来代替人们通常使用的十进制记数法，"以逢二进一的方式进行"。比如，前十个数字是这样写的：

$$
\begin{array}{c|c|c|c|c|c|c|c|c|c|c}
0 & 1 & 2 & 3 & 4 & 5 & 6 & 7 & 8 & 9 & 10 \\
\hline
0 & 1 & 10 & 11 & 100 & 101 & 110 & 111 & 1000 & 1001 & 1010
\end{array}
$$

　　这些二进制数是怎么来的呢？莱布尼茨没有明说这个规律，但是给出了提示：如果想把十进制数转换为二进制数，就把一个十进制数除以二，得到的商再除以二，以此类推，直到商等于零，再将各步的余数倒序排列，就得到了二进制数。假如，我们想把

---

1 原标题为 *De organo sive arte magna cogitandi*。

18 变成二进制数：$18 \div 2 = 9$ 余 0；$9 \div 2 = 4$ 余 1；$4 \div 2 = 2$ 余 0；$2 \div 2 = 1$ 余 0；$1 \div 2 = 0$ 余 1，因此 $18_{10} = 10010_2$。下标的数字表明进制。明白了吗？反之，如果我们想把二进制数转换成十进制数该怎么办呢？从右往左，用二进制数的每一位数依次乘 2 的幂（从 2^0 开始），每向右移一位，2 的指数就加 1，然后将所得结果相加。例如：

$$1101_2 = 1 \times 2^0 + 0 \times 2^1 + 1 \times 2^2 + 1 \times 2^3 = 1 + 0 + 4 + 8 = 13_{10}$$

莱布尼茨断言，使用二进制将带来无尽的优点和价值，这一点毋庸置疑。你们或许会对此有所疑虑，但后来的你们会发现他的话是对的。莱布尼茨曾说："我们足以注意到，以这种奇妙的方式，所有数字可以都由一和无表示。"尽管人们不可能在生活中接触到"那一系列奥秘的事物"以阐明"世间万物如何起源于上帝和虚无"，可对莱布尼茨来说，二进制已经足以"解释和论证真理"，即便"我们无法完全先验地证明事物发生的可能性，即万物源于上帝和虚无的可能性"。

1697 年 1 月 2 日，莱布尼茨与公爵再次谈论到了这个话题。在给公爵的新年贺信中，莱布尼茨附上了"一幅画，画上的东西，形状像一枚纪念章。关于它，我希望最近能跟您一起商讨"。他画的是一幅简单的草图，可这样东西值得"流传给子孙后裔也看一看，希望陛下您能下令用银子铸造它"。

在莱布尼茨看来，二进制记数法深深植根于基督教中。巴
门尼德的学生麦里梭[1]是一位异教哲学家，他曾说，虚无源自虚
无。莎士比亚让李尔王对考狄利娅说："没有只能换来没有。"
傻子问李尔王："老伯伯，你就不能从'无'中探求出一点'有'
吗？"李尔王说："不，孩子，'无'就是'无'。"而继奥古斯
丁与托马斯·阿奎那[2]之后，借莱布尼茨的话说，"万能的上帝
在一片虚无中创造出了万物"成了"基督教信仰的主要观点之
一，很少有哲学家支持这个观点，异教徒对此更是难以理解"。
在他看来，"除了论证，没有比这更好的类比可以说明数字源自
1 和 0，也就是虚无。在大自然和哲学里，很难找到一个比这
个奥秘更好的比喻"。难怪莱布尼茨最后说："我画了这枚纪念
章：IMAGO CREATIONIS（上帝创世的场景）。"公爵并没有
将它做成纪念章，而是在上面印下了一句格言——*unus ex nihilo
omnia fecit*（自虚无生出万物，凭一足矣），在奖章中间设计了 0
和 1 的符号。

---

1 麦里梭（Melissos，鼎盛年约在前 444—前 441），是一位古希腊哲学家，著
有《实在论》，曾对"存在"的性质进行了正面论证。
2 托马斯·阿奎那（Thomas Aquinas，约 1225—1274），欧洲中世纪基督教神
学家、经院哲学的集大成者。

　　莱布尼茨不仅跟公爵分享了他的发明，还告知了一位结识于罗马，当时身在中国的耶稣会神父闵明我。莱布尼茨乐观地相信这项发明会让自己名声大噪——他希望这个揭示造物之奥秘的发明能够使爱好算术的中国皇帝相信基督教信仰的优越之处，从而转变信仰。伏尔泰在《老实人》一书中嘲笑了他的乐观主义。

　　虽然二进制将乘除法运算简化为简单的加减法运算，可它也存在缺点，就是表示一些简单的数字时，它需要用很多位数，比如 1024 转换成二进制数有 11 位。因此，也无法使用它进行日常计算。莱布尼茨有预见性地写道：新出现的二进制运算"对科学更为重要，将会带来新发现"。数个世纪之后，随着布尔[1]的逻辑代

---

1 乔治·布尔（George Boole，1815—1864），英国数学家和哲学家，数理逻辑学先驱。

数——规定真假分别由 1 和 0 表示，尤其是建立在二进制基础上的现代电脑的出现，发生的一切都验证了莱布尼茨的预言。

　　莱布尼茨给公爵的信在其死后的 1720 年出版，被收录在一本小册子里，该册子中也包含《单子论》。在《单子论》问世前，莱布尼茨于 1703 年在巴黎的《法兰西皇家科学院院刊》上发表了《二进制算术阐释》。他写道，"一位名叫伏羲的古代君主和哲人发明了一种线段。令人惊奇之处"在于二进制算术"竟然包含了这种线段中隐藏的奥秘。传说伏羲生活在四千多年前，中国人认为是他创造了他们的国家和科学"。伏羲是神话里中国文化的创造者，而中国文化又融合在《易经》的八卦之中。《易经》是一本占卜的古书，时至今日仍吸引着大批研究者为之着迷不已。（欧洲第一部完整的《易经》于 1924 年出版，卡尔·荣格[1]作序。）莱布尼茨认为可以用二进制算术解释"极其重要的"八卦图，卦中完整的线"—"表示 1，"− −"表示 0。

　　"中国人丢失了这些线段中的意义或许已经有一千多年了。此时，必须由欧洲人对它做出真正的解释了。"莱布尼茨得意地说。接着，他讲述自己把二进制算术告知白晋神父——一位居住在北

---

1 卡尔·荣格（Carl Gustav Jung，1875—1961），瑞士心理学家、精神科医师，分析心理学的创始者。

京的法国耶稣会士，白晋立即就看出这便是解开伏羲图的钥匙。
（这一点后来被证实是毫无根据的，理由之一就是白晋神父提供的
伏羲图有误。）

　　鲁道夫·奥古斯特公爵在纪念章上烙印的格言说：自虚无
生出万物，凭一足矣。在《以理性为基础的自然和神恩的原则》
（1714年）中，莱布尼茨却扭转了问题，依据充足理由律，反向推
理，思索着："为什么其他事物都存在，而虚无不存在？虚无分明
是最简单最容易的事物。"这是一个极端的问题，海德格尔在《形
而上学导论》（1953年）中换了个问法："为何在者存在而非虚无
存在？"美国哲学家罗伯特·诺齐克在《哲学的解释》（1982年）
中也发出了同样的疑问。

　　在二进制算术中"看见创世的场景"，莱布尼茨的这个思想遭
到了拉普拉斯的嘲笑。1795年，拉普拉斯在巴黎高等师范学院的
课堂上说："当人们看见一个如此伟大的人物因幼时形成的偏见而
犯错时，就会明白一个摈除了偏见的教育体系将大大推动人类理
性的进步。"在《概率论哲学》（1814年）中，拉普拉斯又说："莱
布尼茨以为在他的二进制算术中看到了创世的景象……他想象着
'1'代表上帝，'0'代表虚无。"拉普拉斯举出这个例子，只是为
了指出"即便是最杰出的伟人，也会被幼稚的偏见所蒙蔽"。

　　莱布尼茨说，0和1是一切数字的渊源。抛开所有对神学的解

释，这个思想自从空集出现，在现代集合论中也找到了新的落脚点。表示空集的符号 Ø 诞生于二战爆发前夕，首见于《数学原本》一书。一群年轻的法国数学家，以尼古拉·布尔巴基为集体笔名，将他们的研究结果撰写成书，即《数学原本》。该书第一卷中写道，集合 E 的"某些特点"对"集合 E 中任意元素都不为真"，那么"它定义的部分就是 E 的空集，用 Ø 表示"。

安德烈·韦伊[1]是那群年轻数学家中的一员。半个世纪以后，他在自传《我的学徒生涯》(1991 年) 中袒露了自己在 Ø 成为空集符号的过程中扮演的角色，承认了采用 Ø 表示空集是他的提议。Ø 是一个挪威语字母，"布尔巴基小组中只有他认识这个字母"，因为在战争爆发时，他曾在挪威生活过一段时间。

空集是不含任何元素的集合，0 被定义为空集，即 0=Ø。从 0 开始，可以根据后继的定义，用递归的方式列出自然数的后继。对任意 x，定义 x 的后继为 $x \cup \{x\}$，即合并了 x 与集合 x 内所有元素的集合。序列如下：

$$0=\emptyset, [2]$$

---

1 安德烈·韦伊 (André Weil, 1906—1998)，法国数学家，主要研究解析数论和代数几何。

2 此处 0 和 1 表示集合中元素的个数。

$$1 = \{\varnothing\},$$
$$2 = \{\varnothing, \ 1\},$$
$$3 = \{\varnothing, \ 1, \ 2\},$$
$$\dots$$

如果要形成一个包含所有自然数的无限延展的集合，就需要一个恰当的（无穷）公理以确保这个集合的存在，且这个集合包含0及其每个元素的后继。一座从"0"搭建的城堡，以集合为语言，为抽象的自然数的公理性定义提供了一个模板。数学界如今仍普遍采用皮亚诺提出的自然数的公理性定义。

Istanti fatali

Quando i numeri hanno spiegato il mondo

尖叫的数学：令人惊叹的数学之美

智者泰勒斯如何测量金字塔的高度?
人们何时发现正方形或长方形的对角线
与边长之比无法用整数表示,
"无限"随之闯入数学的世界?
这个比例为何又出现在了由一个兔子问题
而衍生出的一串数字中,
经斐波那契之手成了黄金比例?
你们会在这里找到答案。

第三章

发现无理数

法老的挑战 >>

　　埃及法老雅赫摩斯二世向米利都的泰勒斯[1]发问："如何测量一座金字塔的高度？"古代七智者之一的泰勒斯似乎是这样回答的："当人的影长跟人的身高一样时，金字塔的影长就是金字塔的高度。"反正有个故事是这样讲的。普鲁塔克[2]在《七智者之宴》中说，泰勒斯游历埃及，沿尼罗河而上时，被宏伟的胡夫金字塔深深吸引，于是在吉萨停下了脚步。法老听闻了这位智者的名声，向他抛出了这个难题。泰勒斯在金字塔旁边的地面上垂直插进一根木棍，等到木棍的影子变得跟木棍地上部分一样长的时候，他对法老说："量量金字塔的影子吧，你就会知道它的高度了。"

---

1 米利都的泰勒斯（Thales，约前 624—约前 547），传说为古希腊第一个哲学家，米利都学派的创始人。
2 普鲁塔克（Plutarch，约 46—120），生活于罗马时代的希腊作家，以《比较列传》（常称为《希腊罗马名人传》）一书留名后世。

真正的历史或许不是这样的，阿默斯著写的纸草书[1]表明当时根本无须等待泰勒斯的到来。这位米利都的智者生活在公元前 7 世纪至前 6 世纪。面对法老提出的问题，泰勒斯提供了他的解决方案，而早在此 1000 多年前，埃及人就已经清楚地知道如何测量一座金字塔的高度。无论历史真相如何，泰勒斯提出了一个虽然简单但是天才的想法，他所依据的定理被称作泰勒斯定理，至今仍是学生课堂上学习的内容。由这项定理出发，可以推出相似三角形对应角相等，对应边成比例，而在测量金字塔的情况中出现的相似三角形都是等腰三角形。木棍地上部分和它的影子构成了三角形的两条边，其长度可以轻易量出，金字塔的影子同样好量，这样一来就可以确定金字塔的高度了——影子有多长，金字塔就有多高。

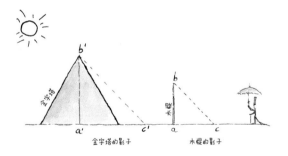

金字塔的影子　　　　木棍的影子

---

1 公元前 1650 年左右，一位名叫阿默斯（Ahmes）的古埃及抄写员抄写了一份数学纸草书，故名阿默斯纸草书，3000 多年后的 1858 年，苏格兰的埃及学家莱因特（A. H. Rhind）在埃及得到了它，因此也被称作莱因特纸草书。

　　有一些关于圆的定理，据说也是泰勒斯发现的。例如，有一条定理是直径将圆分为两半。或许，你们会想这么么显而易见，根本不需要一个了不起的智者下定论，画个图就明白了。你们说的没错。早在泰勒斯提出这项定理之前，古巴比伦人、埃及人和中国人就已经知晓圆的这个特性了。然而，泰勒斯是第一个证明它是 teorema（定理）的人，teorema 的词源是 *thereo*，意思是观察。但这是一种独特的观察，正如柏拉图所说，是用心灵的眼睛去观察。证明了它是定理，意味着直径平分圆适用于所有圆，而不仅仅只是你们用圆规和尺子画出的那个。

　　泰勒斯提出这项定理的宿命时刻，彻底改变了几何学所研究的物体的本质。它们再也不是美索不达米亚人在黏土板上刻下的图形，或是古埃及测量土地的人在地面上画出的图形。希罗多德把这些测量土地的人叫作埃及测地员。尼罗河泛滥，淹没农田之后，测地员就会重新测定地界，丈量土地。数学家们研究和揭示的是抽象图形的特点，而黏土板或地面上的图形只是抽象图形的近似物，只是它们不完美的影子。举个不太直观的例子：如果一个三角形 *ABC* 的三个顶点都在圆上，且一条边是圆的直径，那么该三角形为直角三角形。但丁在《天堂篇》第十三歌中也提到："也不求知道在一个半圆里能否构成一个没有直角的三角形。"这条定理也被认为是泰勒斯提出的。据第欧根尼·拉尔修[1]说，泰勒斯对他的这项发现得意至极，甚至杀了一头牛来庆祝。

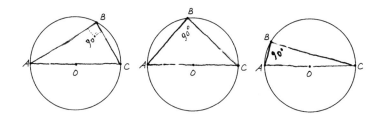

　　从那个宿命时刻开始，人们已经不再满足于像提供一个解决方法那样去阐述一项几何学上的新发现，比如画一个圆，在上面取三点，三点两两相连，且保证其中两点连成的线穿过圆心，再列举不同的具体例子去证明得到的图形是一个直角三角形。事实上，古巴比伦人和古埃及人在黏土板和莎草纸上留下的就是这种类型的陈述。在泰勒斯之后，人们需要建立一种论证过程，也就是进行逻辑推理以证明这个规律不仅仅在你们绘制的三角形和圆上成立，也适用于世界上任何一个三角形和圆。总而言之，就是适用于抽象的三角形和圆，即柏拉图口中的"理想"的图形。论证开始成为数学推理的独特之处，"我们科学的灵魂"，伟大的哲

---

1 第欧根尼·拉尔修（Diogenēs Laertios，约200—约250），古希腊哲学史家，重要史料《名哲言行录》的编纂者。

学家和神秘主义者西蒙娜·韦伊[1]如此说。

　　1940 年初的几个月中，西蒙娜·韦伊在给其兄安德烈的信中谈论到了这些几何问题。当时法国陷入战争，这位年轻的数学家——安德烈因拒服兵役，被关在鲁昂的监狱中等候审判。你们也许会说，在这种处境下还能探讨类似的话题，不得不说有些稀奇古怪。确实，可他们是卓尔不群的人物：西蒙娜·韦伊深受古典文化浸润，曾是西班牙内战的志愿者，她在焦虑不安中诠释着她所在的时代；安德烈·韦伊注定将成为那个世纪最杰出的数学家之一，在狱中时，他还断断续续地修改他研读原版《薄伽梵歌》后撰写的论文草稿。同样稀奇古怪的还有这场"怪战"：法国对德宣战，实际上两方在几个月间却只有极轻微的军事冲突，直到德军在五月以闪电般的速度入侵法国。在谈论关于泰勒斯和法老的传说时，西蒙娜发现泰勒斯测量金字塔高度的办法，关键在于比例——高度的比例。从这点出发，她设想了下一步：直角三角形的一个重要规律出现了，即毕达哥拉斯定理。正是这一步，让我们走向了另一个宿命时刻，发现了一种不可言说，无法用自然数表述的比例。

---

1 西蒙娜·韦伊（Simone Weil, 1909—1943），法国犹太人，神秘主义者、宗教思想家和社会活动家，深刻地影响着一战后的欧洲思潮。其兄为法国数学家安德烈·韦伊。

是谁提出了毕达哥拉斯定理？　>>

　　这听起来像个关乎修辞的问题。如果不是毕达哥拉斯，会是谁发现了这个一直以来最著名的冠以他名字的数学定理呢？问题就在于，流传至今的关于毕达哥拉斯生平作品的众多历史，真实性都有待考证。他出生在萨摩斯岛，生活在公元前 6 世纪，关于这两点似乎是可以确定的。杨布里科斯[1]说，毕达哥拉斯在泰勒斯的建议下，多次游历近东，在埃及接受了完整的科学教育。四十岁左右，他离开萨摩斯岛，在卡拉布里亚沿海定居，又在克罗托内创建了一个数学宗教团体。有些人则断言，毕达哥拉斯的第一位数学老师是埃及人——他们发展几何学的时间最长久，其次是算术的研究者——腓尼基人，最后是观察天文现象的专家——迦勒底人。唯一没有争议的是，毕达哥拉斯生前的最后一段时间是在大

---

1 杨布里科斯（Iamblichus，约 250—约 330），新柏拉图主义哲学的重要人物。

希腊度过的，先是在克罗托内建立了毕达哥拉斯学派，后来又到了梅塔蓬图姆。

在古代，围绕着毕达哥拉斯的各种奇闻轶事层出不穷。比如色诺芬尼[1]为了取笑那些相信灵魂转世的人所讲的故事：据说，毕达哥拉斯看到有人在虐待一只狗，出言阻止，因为"那是一个朋友的灵魂，我听出他的声音了"。然而，毕达哥拉斯学说流传至今，它的一个中心思想就是变动。奥维德[2]在《变形记》中借毕达哥拉斯之口说：整个宇宙中，一切都不会消亡，只会不断改变面目。人在生命的不同阶段会发生变化，死后，他的灵魂会转移到另一个身体里。柏拉图把这个理论化为己有，并在《美诺篇》中向苏格拉底阐述了这个理论。

有些人说毕达哥拉斯是萨满教徒、巫师和郎中。也有人称他为社会的改革者，一位政治领袖或是领导一个宗教团体的苦行僧。赫拉克利特[3]坚称他是骗子之首，学识博而不精，将他人的智慧据为己有，认为他自己的学说观点最具权威性，是一种"做作的精

---

1 色诺芬尼（Xenophanēs，约前565—约前473），古希腊哲学家、诗人，著有《论自然》。

2 奥维德（Publius Ovidius Naso，约前43—约17），古罗马诗人，其著作《变形记》是叙述古希腊、罗马神话最重要的作品之一。

3 赫拉克利特（Heraclītos，约前540—前480与前470之间），古希腊哲学家，爱非斯学派的创始人。

明"。第欧根尼·拉尔修认为他是第一位自称哲学家和主张太阳中心说的人。而在普罗克洛 [1] 眼中，毕达哥拉斯是一位与泰勒斯并驾齐驱甚至更胜一筹的数学家，他探究了几何学中最基础的规律，以抽象理性的视角研究定理。

西蒙娜·韦伊在信中让数学家哥哥判定的猜想与毕达哥拉斯的研究结果一致。西蒙娜认为，在研究两个已知量 a 和 b 的比例中项 c，也就是使 $a : c = c : b$ 成立的量值 c 时，著名的毕达哥拉斯定理诞生了。正如柏拉图所说，这体现了三个数字或者说三个量值之间最完美的比例。

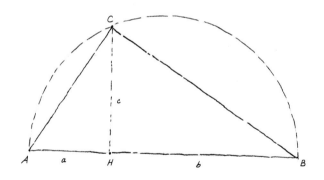

如果线段 $a=AH$ 和 $b=HB$ 在同一直线上，那么 $c=CH$ 就是这

---

1 普罗克洛（Proklos，410—485），古罗马哲学家，新柏拉图主义的集大成者。

个直角三角形的高。西蒙娜·韦伊说，换而言之，像三角形 ABC 一样的直角三角形有一个重要特点——它是由两个相似的三角形 AHC 和三角形 CHB 并置而成的。她的这个论断建立在从这些相似三角形中可以找到以下两种比例关系：

AH：AC＝AC：AB 和 HB：CB＝CB：AB

由此得出毕达哥拉斯定理：

$$AC^2 + CB^2 = (AH + HB) \times AB = AB^2$$

这位女哲学家补充说："当然，我只是在想象，而不是在论证这个定理的发现过程。"总之，我们可以说西蒙娜·韦伊正在努力捕捉毕达哥拉斯发现这个定理的宿命时刻。安德烈评价妹妹说："她在还原的过程中，排除了所有她个人的假设。我很欣赏这点。"

让我们回到最开始的问题。那个定理真的是毕达哥拉斯提出的吗？这很大程度上不是真的。因为在如今的巴格达附近，出土了一块陶瓦板，可追溯至公元前 1775 年，它表明古巴比伦人早已掌握这条定理。更有教育意义的是，另一块古巴比伦泥板——普林普顿 322 号泥板，可追溯至公元前 1800 年，因一位纽约的编辑——乔治·普林普顿在 1922 年从一位古董商手里购买了这块泥板而得名，现收藏于纽约哥伦比亚大学普林普顿收藏馆。这块泥板上的文字有四列、十五行，每一行都有数字，研究者认为这些数字是各种勾股数的组合，即满足 $a^2+b^2=c^2$ 的数字 a，b，c。

勾股数组是怎么来的呢？如果给了两个互为质数的数 m 和 n，且 m 大于 n，那么由 $a=m^2-n^2$，$b=2mn$，$c=m^2+n^2$ 可得出勾股数组 a，b，c，且全部两两互为质数（即 a，b，c 最大公约数为 1，通过验证可以发现完全符合毕达哥拉斯定理）。反之，给出一组两两互质的勾股数组 a，b，c，我们总是能在其中找到满足上述条件和比例的两个数字 m 和 n。普罗克洛认为其中一条产生勾股数的规律是毕达哥拉斯发现的，另一条的发现者是柏拉图，但是一些史料显示，另一条是毕达哥拉斯学派哲学家阿尔库塔斯提出的。无论如何，虽然他们还没有掌握现代的代数符号，但可以肯定的是，毕达哥拉斯学派和在他们之前的古巴比伦人已经能够利用公式求出勾股数组了。

因此，在毕达哥拉斯提出定理的数百年以前，古巴比伦人就已经掌握了勾股定理。但是，古代许多地区和文化也都注意到了这一点：三边长分别为 3，4，5 的三角形为直角三角形。我们可以想象得到，古埃及测地员按与 3，4 成相同比的长度绘制直角边，作直角三角形，以便在尼罗河泛滥过后重新划定田地，或是为金字塔和庙宇绘制矩形或方形底座。《周髀算经》是中国流传至今最早的数学著作，成书年代至今没有统一的说法（公元前 1 世纪或公元 1 世纪）。该书中用两直角边分别为 3 和 4 的直角三角形图案说明了勾股定理。这绝非偶然，而是证明了，即便是与卡拉布里亚海岸远隔千里的中国，也发现了毕达哥拉斯定理。

在吠陀时期的印度，一些绳法经（测绳的法规）显示出当时火神阿耆尼祭坛的建造者们也知晓毕达哥拉斯定理。这些绳法经成书时间难以确定（介于公元前 5 世纪至前 2 世纪之间）。之所以叫绳法经，是因为它包含了用绳测量尺寸，修筑祭坛的几何法则，祭坛的形状有三角形、方形、矩形、圆形或是多种形状的组合。虽然绳法经只是用一些简单的文字表述定理，没有任何演绎证明，但还是证明了当时的印度人已经懂得了一些几何知识，比如毕达哥拉斯定理以及"以一个正方形对角线为边长生成的正方形，其面积是原正方形的两倍"——最古老的一本绳法经中这样写道。柏拉图在《美诺篇》中借苏格拉底之口也同样提到了这个几何学发现，乍看之下，这似乎只是一个令人惊讶的巧合。西蒙娜·韦伊在一封写给哥哥的信中说，对问题的选择，暗示着那个问题与一种知识相关，而这种知识证实了神圣的智慧从何处发源。"这个知识，如果不是关于不可公度的知识，又会是什么呢？"

一桩逻辑上的丑闻 >>

　　存在一些量值，比如一个方形的对角线长和边长，它们的比值是无法用整数来表示的。19 世纪末的一位数学家认为这个发现就是"一桩逻辑上的丑闻"。何出此言！这为什么是丑闻呢？因为这个发现第一次使数学陷入了"无限"的迷醉与眩晕中（天文学家让·西尔万·巴伊[1] 在 18 世纪末说，"我们的思维陷入了深渊"）。确实，在这一宿命时刻，"无限"闯入了数学的世界，动摇了这个世界的根基，有人称之为"第一次数学危机"。让我们从柏拉图的《美诺篇》开始，逐步了解这到底是怎么回事。

　　知识只是灵魂对理念的回忆，因为灵魂是不朽的，它在这世上反复重生，见识了许多事物。为了说明这一点，苏格拉底在冥

─────────────

1 让·西尔万·巴伊（Jean Sylvain Bailly，1736—1793），法国天文学家及演说家。

界向一个不懂几何学的奴隶提问。首先，他让奴隶明白，如果将一个正方形的边长扩大一倍，那么正方形的面积就会变成原来的四倍。接着，他问奴隶：如果想让一个正方形的面积扩大一倍，它的边长该是多少呢？在苏格拉底的引导之下，正确答案如"梦"般在奴隶脑海中浮现。通过几何图形，我们可以清晰地找到这个答案：正方形 BDHF 以正方形 ABCD 的对角线 BD 为边长，其面积是正方形 ABCD 的两倍，同时又是正方形 AEGI 的一半。的确，正方形 BDHF 由四个三角形组成，正方形 ABCD 由两个三角形组成，正方形 AEGI 由八个三角形组成。

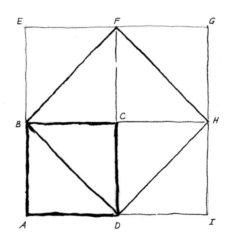

古印度的"法规"也是这样说的，接下来它还解释了如何确

定对角线长度，把"法规"步骤翻译成现在的话就是，把边长乘1.4142，就可以得到对角线的长度。但是注意啦！古印度的誊写员发觉 1.4142 这个值（与真正的值"存在差额"）。如今我们可以说，这是 $\sqrt{2}$ 的近似亏量。"真正"的值其实是 1.4142……，小数点代表的是一串连续的无限的数字！一块属于公元前 1800 至前 1600 年间的泥板显示，古巴比伦人比印度人更早遇见这种问题。

对角线上刻下了一些六十进制的数码，转换成我们更熟悉的十进制后，得到的值为 $\sqrt{2}$ 的近似值——1.41421296，比古印度人的更精确。这意味着，我们或许有必要回到那个遥远的时代，回到那个宿命时刻：在那一刻，一个不知名的誊写员在泥板上刻下了这个令人震惊的发现——边与对角线是不可公度的。

让我们再看看奴隶在苏格拉底的指导下绘制的画。连接正方形 AEGI 四条边的中点，我们会得到一个占它一半大小的正方形。不断重复这个操作，我们就可以得到无数个正方形，它们的面积越来越小，一个套进一个。这个永无止境的过程会让你们更清楚巴伊所说的深渊。

以对角线 BH 的一半为边长，可以得到正方形 ABCD，其面积为原正方形 BDHF 的一半。取对角线 BD 的一半为边长得到的正方形，面积是正方形 ABCD 的一半，然后继续重复这个步骤。和之前的一样，这个过程也是可以无限进行下去的，因为线段可以不断地一分为二。如果不断重复这个步骤，你们就会得到一连串越来越小的正方形，这次它们以螺旋形的方式排列，围绕着最初的正方形（如下图所示）。

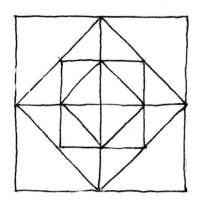

现在，让我们设正方形 *BDHF* 的边长 *BD* 为 1，对角线 *BH* 长度为 *d*，1 与 *d* 均为整数。从几何的角度来看，每一个图形都是可以无限平分的（因为线段可以不断地一分为二），可从算术的视角看来并非如此：重复步骤达到一定次数之后就不得不停下来，因为不断地除以 2，终会得到一个奇数或是数字 1，它们无法被 2 整除。因此，即便一开始假设正方形的边长和对角线是整数，最后也会发现它与线段可以无限平分这一点相互矛盾，难以并立。

柏拉图在《美诺篇》中通过绘图来论证正方形的对角线与边

是不可公度的。亚里士多德在《前分析篇》中提到了柏拉图的这个论证，以说明什么是归谬法。这在当时应该是一个不那么令人意外的结论。亚里士多德曾在多处讨论毕达哥拉斯学派的学说，却从未将这个发现归功于毕达哥拉斯学派。

让我们再次把目光放到《美诺篇》中的奴隶所绘制的画上。亚里士多德认为这是一个陷入荒谬的论证，它"确定了对角线的不可公度性"，而这个论证建立的基础是，如果正方形 *ABCD* 的对角线 *BD* 和边长 *AB* 是可公度的，那么——他只是说——"奇数就会变得和偶数一样"。这明显是个荒谬的结论。

如何解释亚里士多德的这一观点呢？阿芙洛蒂斯的亚历山大[1]在给《前分析篇》所做的评注（公元 3 世纪）中给出了解释。我们假设对角线和边是可公度的，它们的比例为 $d : l$，d 和 l 是两个互为质数的整数。那么 d^2 与 l^2 也应该互为质数。我们前面提到过，以一个正方形的对角线为边得到的正方形，其面积是原正方形的两倍，那么 d^2 与 l^2 应该也符合同样的比例，即 $d^2 : l^2 = 2 : 1$。因此 d^2 是偶数，因为它是 l^2 的两倍。如果一个平方数能被 2 整除，那么它的半数应该也能被 2 整除。因此，d^2 的半数 l^2 也应该是偶

---

1 阿芙洛蒂斯的亚历山大是一位古希腊评论家和逍遥学派哲学家，以评论亚里士多德的著作而闻名。

数，但与此同时 l^2 又是奇数，因为 d^2 为偶数，两个互质的数不可能同时为偶数。这就是为什么亚里士多德认为假设对角线和边是可公度的会得出一个荒谬的结论，即奇数会变得和偶数一样。实际上，如今的教科书仍在用这套推理去证明 $\sqrt{2}$ 是一个无理数：假如 $\sqrt{2}$ 是有理数，那么就存在两个互为质数的正整数 r 和 s，使 $\sqrt{2}=r/s$ 成立，可得 $2=r^2/s^2$，即 $2s^2=r^2$。由此可知，r^2 是偶数，即 $r=2t$（t 为整数），可得 $r^2=4t^2$，又因为 $r^2=2s^2$，所以 $2t^2=s^2$，这就意味着 s^2 以及 s 是偶数。结论不成立，因为两个互质的数不可能都是偶数。

毕达哥拉斯学派认为算术探究的是"偶数与奇数"的特点，"是绝对不荒谬的"，因此，西蒙娜·韦伊指出，亚里士多德的证明实际上可以追溯到毕达哥拉斯学派，并为公元前 5 世纪活跃在雅典的诡辩学派提供了辩论的模板。我们可以想象，毕达哥拉斯学派试图在一个整数 a 和它的倍数 $2a$ 之间找到一个几何平均数 $\sqrt{a \times 2a}$，就像他们研究算术平均数 $\dfrac{a+b}{2}$ 与调和平均数 $\dfrac{2ab}{a+b}$ 一样。算术平均数与调和平均数满足 $a:\dfrac{a+b}{2}=\dfrac{2ab}{a+b}:b$ 这一比例关系，杨布里科斯称之为"最完美的比例"。毕达哥拉斯学派发现这个几何平均数既要是偶数又要是奇数，便下定结论说这个数不存在。接着，他们还尝试在边长为 1 的一半的正方形上应用毕达哥拉斯定理。

正如我们之前所见，这项研究可以自然地转换为将正方形面积增大一倍的问题。和它十分类似的是倍立方问题，后者来自一个传说，并且在当时悬而未决。传说，提洛岛上瘟疫肆虐，岛民祈求阿波罗降下神谕，告诉他们如何结束瘟疫。阿波罗回答说，要想平息众神的怒火，必须建造一座新的祭坛，跟原来的祭坛一样，是个立方体，但体积要是原来的两倍。当时的数学家们绞尽脑汁也找不到解决办法。和将正方形面积增大一倍的问题一样，解决问题的关键在一个无理数上。用现在的话说，如果 a 是原立方体的棱长，那么新立方体的棱长 x 需要满足 $x^3 = 2a^3$，即 $x = \sqrt[3]{2}\,a$。希俄斯的希波克拉底[1]在两个线段 a 和 $2a$ 之间插入两个比例中项，即 $a:x=x:y=y:2a$，由此可得 $a:x=x:y$ 和 $x:y=y:2a$，最终得出 $x^3 = 2a^3$。

西蒙娜·韦伊认为，用正方形的对角线表示比例中项"应该是个立马就能想到的主意"。那么，是谁想到了这一点呢？是谁创造了这一标志着无理数进入数学世界的宿命时刻呢？或许是

---

1 希俄斯的希波克拉底（Hippokrates Chios，约前 470— 前 400），古希腊数学家、几何学家和天文学家。

毕达哥拉斯，但是根据流传下来的各种史料，希帕索斯[1]的可能性更大。无论事实如何，对毕达哥拉斯学派的成员来说，这都是一个不能公之于众的发现。他们对"那个男人"的理论缄口不言，叫他老师却从不叫他的名字，就像他们叫不出那些比例的名字一样。安德烈·韦伊在给妹妹的信中说，发现数字间存在无法表述的比例关系，这是个巨大的发现——"仅仅只是说出它就足够震动人心"——简直不敢相信它曾被看作"一个简单的科学发现"。相反，对比例的极致追求"导致在古希腊思想发展的开端，存在一种思维与世界（像你说的，以及人与上帝之间）的'不协调'感。这种感觉如此强烈，令他们不惜任何代价都要跨过那道深渊"。

你们试着想象一下这道深渊指的是什么：当那些深信"万物皆数"的人，发现那些叫不出名字、无法言说的比例时，会是多么惊愕！它们没有 logos。logos 这个词在古代有很多含义：口语、演说、推理，还表示道理或数量之间的比例关系。它译为拉丁语 ratio，这就是无理数叫作 irrational number 的原因。无理数的发现"谋杀了有利于 logos 的数字"。在安德烈·韦伊看来，这就是无理数的发现所带来的"悲剧"，它"摧毁了毕达哥

---

1 希帕索斯，希腊数学家，生活于公元前 470 年前后，是毕达哥拉斯学派门生，据传是发现无理数的第一人。

拉斯哲学"。

西蒙娜·韦伊提出了反对意见：那个发现根本没有摧毁毕达哥拉斯哲学。"发现 $\sqrt{a \times 2a}$ 不存在确实会令人不安"，可是推翻传统的解读方式，这个有关正方形对角线长和边长的发现可以是"震动人心的，这种震惊并非来自焦虑，而是出于欣喜"，欣喜于看见"一种数字间的比例，它无法用数字表达，无法用确切的数量定义，但它却存在"，就像正方形的对角线长和边长之比一样。总而言之，在西蒙娜看来，"不可公度的发现，根本不是人们单纯认为的那样，是毕达哥拉斯学派的失败，而是他们最精彩的胜利"。"每每回顾几何学，尤其是不可公度的发展历程，总是会出现欣喜和赞扬的声音"，现在我们知道这个声音是源自何处了。

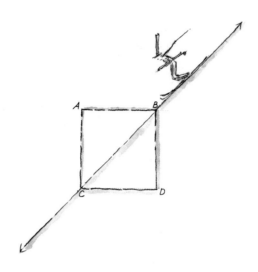

　　尽管如此，西蒙娜·韦伊接着说，一场悲剧还是发生了，并产生了深远的影响。这是一场关于传播新发现的悲剧，它在"真理观上留下了声名狼藉的一笔，留存至今"。大多数诡辩家都是这种悲剧的制造者，他们告诉大众，无论正方的论点还是反方的论点，他们都能做出有力的论辩。他们获取知识，只为获取权力。用西蒙娜的话说，从公元前5世纪末起，这种知识开始蛊惑人心，鼓吹帝国主义，直至摧毁了古希腊文明，最后罗马人用武力彻底"杀死了希腊，不给它留下丝毫复生的机会"。

　　这位哲人总结说，因此，"一位毕达哥拉斯学派的学者由于泄露了'存在不可公度'这个数学发现，在一次海难中葬身鱼腹。

众神的这个做法不无道理"。这位毕达哥拉斯学派的学者就是希帕索斯，根据传说，他因为这个渎神行为而在海难中丧生。而在另一个故事里，希帕索斯是因为创造了正十二面体而在海中丧命。还有一个传说则对希帕索斯的命运更宽容些：由于泄露了无理数的发现，他被逐出了毕达哥拉斯学派。学派的其他成员还为他立了一块墓碑，就好像他已经死了。

正方形的对角线长和边长是一对不可公度的线段，伴随着这个发现，无理数也来到了世人眼前。但不仅仅只有 $\sqrt{2}$ 是无理数。在《泰阿泰德篇》中，柏拉图用不同的论证方法逐个证明了 $\sqrt{3}, \sqrt{5}, \cdots, \sqrt{17}$ 也都是无理数。如果想要知道无理数的普遍特性，要等到欧几里得提出普遍定理：如果两个正方形的面积无法写成比例，那么它们的边长就是不可公度的。这是对个例进行漫长的研究之后得出的结果。

奇妙的五角星和黄金比例 >>

　　杨布里科斯认为，毕达哥拉斯的追随者分成了两派，分别为声闻家[1]和数学家。波菲利[2]说，数学家进行高等科学的教学工作，表现得更为严密谨慎，而声闻家则着重于礼节性、象征性方面的教义戒律。但这似乎也只是传说。第一个谈论这些的人是亚历山大城的克莱曼特，他生活在公元 2 世纪，但最早记录毕达哥拉斯学派数学成就的人很可能是杰拉什的尼科马库斯（生活在 1 至 2 世纪）。和这种情况类似，最新的研究表明，许多言论被认为是出自毕达哥拉斯之口，如预言、饮食的禁忌、灵魂重生的学说，实际上则是一些新毕达哥拉斯学派学者的成果，从古代历经数个世纪流传至今。

―――――――――

1 声闻家（Akousmatikoi），指只允许聆听的人。——编者注

2 波菲利（Porphyrios，约 233—约 305），古罗马哲学家，新柏拉图派中亚历山大－罗马派的主要代表。

亚里士多德在回顾了前人的学说之后，在《形而上学》中写道，毕达哥拉斯学派认为数字培育了一种神秘的符号体系，体现在天体的和谐运动中。他们还认为数学的规律就是万物的规律，万物皆数。毕达哥拉斯学派学者菲洛劳斯在作品的一个片段中说："人们认识的所有事物都包含数字，因为如果没有数字，人们不可能想象它、认识它。"

毕达哥拉斯学派似乎称数字1为普罗透斯。普罗透斯是希腊神话中的海神，他能够变成任意形状，拥有一切事物的特征。而"1"像普罗透斯一样，是一切数字的创造者。所有数字都是从1发展而来的，它们是"占据位置的点"。在毕达哥拉斯学派看来，这是用几何表示数字的基础。在如今的数学语言里仍能看到这种"占据位置的点"留下的痕迹，最先跃入我们脑海的就是三角形数，如1，3，6，10……由排列成一个三角形的点表示。

数字10在他们心中似乎有着特殊的地位。它是前四个数字的总和，是神圣的四元体，是最完美的数字。塞克斯图斯·恩丕里柯[1]说，他们把数字10叫作"永不停息的自然之源"，因为它包含了协和音程中两个音震动频率的简单比例，如纯四度（频率比4：3）、纯五度（频率比3：2）和纯八度（频率比2：1）。

---

1 塞克斯图斯·恩丕里柯（160—210），希腊医生、哲学家和怀疑论者。

毕达哥拉斯学派认为整个宇宙的和谐之美都源自这种简单的比例。

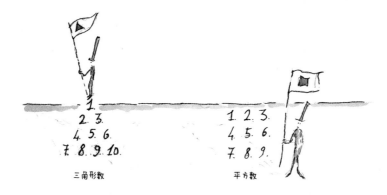

三角形数　　　　　　　　　　平方数

说完三角形数之后，还有平方数。从 1 开始，加上连续的奇数 3，5，7……得到的就是平方数，奇数代表的点数可以摆成一个类似于曲折形（泰勒斯利用影子测量金字塔高度的木棍也叫"曲折形"）的点阵图案，依次连续添加在点数 1 周围。毕达哥拉斯学派还发现，两个连续的三角形数相加，如 1+3=4，3+6=9，6+10=16，等等，得到的也是平方数。然后还有五边形数、六边形数、七边形数等等，它们被称为有形数。之所以叫作"有形数"，是因为它们代表的点数可以排成有一定规律的正几何图形，如五边形、六边形、七边形等等。此外，还有立体数，最简单的例子就是立方数。

在毕达哥拉斯学派的眼中，有形数 5 占据了一个特殊位置，可用正五边形的 5 个顶点表示。连接正五边形的对角线，就会得到一个新的五边形和一个五角星。据说，五角星是毕达哥拉斯学派的标志，在中世纪和文艺复兴时期的占星术中也有神奇的含义。阿格利巴·封耐特斯海姆[1]的《论神秘的哲学》于 1533 年在巴黎出版，书中有一幅图案就印证了这点：一个人内嵌于一个正五边形中，五个角上是不同的占星符号。

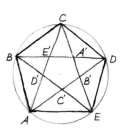 

与正方形的对角线一样，连接正五边形 *ABCDE* 的对角线，也可以得到一个新的更小的正五边形 *A'B'C'D'E'*，它的边与原五边形的边平行。不断重复这项操作，就会得到一连串相似的图案——

---

1 阿格利巴·封耐特斯海姆（Agrippa von Nettesheim，1486—1535），文艺复兴时期欧洲哲学家、神学家、占星师和炼金术士。

越来越小的五角星和五边形。无限的深渊又一次出现在我们眼前
（如下图所示）。

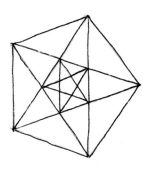

　　和正方形的情况一样，正五边形的对角线长和边长之间也没
有 logos，也就是说它们也是不可公度的。有些学者猜测，毕达
哥拉斯学派不是在研究正方形的时候发现了无理数，而是在研究
正五边形的对角线长与边长之比时，发现无法用整数表示这两个
量值之间的比例，从而察觉到无理数的存在。其实，这个比值就
是所谓的分割线段的黄金比例 $\varphi = \dfrac{1+\sqrt{5}}{2}$，卢卡·帕乔利修士称
之为"神圣比例"。卢卡·帕乔利是一位 15 世纪的数学家，出生
在圣塞波尔克罗[1]。黄金分割不仅存在于线段，黄金矩形 *ABEF* 的

---

1 圣塞波尔克罗是一座位于意大利台伯河畔的小镇，今属托斯卡纳地区阿雷
佐省。

边长 *AF* 与 *AB* 之比也是黄金比例，由矩形 *ABEF* 可以得到一个新的黄金矩形 *AGHF*，由它又可以得到一个以 *AL* 和 *AG* 为长和宽的新黄金矩形，这样持续下去，就可以得到无尽的面积越来越大的黄金矩形。矩形 *DCEF* 也是黄金矩形，由它可以得到越来越小的黄金矩形。黄金螺线的螺旋也可以无限扩大或缩小[1]。

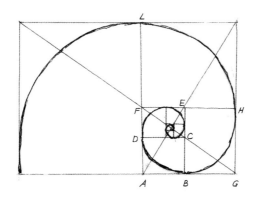

数字 φ 与数列有着紧密的联系。斐波那契原名叫比萨的莱昂纳多，之所以有斐波那契（Fibonacci，意为 Bonacci 之子）这个名字，或许是因为他的父亲叫波那契（Bonaccio）。他在《算法之书》

---

1 黄金螺线有一个重要特征，即按比例放大或者缩小，其与原图完全重合，这种特点使得许多数学家对黄金螺线痴迷不已。

里解答一个关于兔子的古怪问题时，得出了斐波那契数列：一对兔子一年里能繁殖出多少对兔子？为了回答这个问题，自然需要一些前提条件。斐波那契解释说，兔子每个月都能生一对小兔，而刚出生的小兔一个月后能长成大兔，再过一个月就能生下一对小兔。因此，到了第二个月的时候，就有 3 对兔子；其中 2 对各生一对兔子，第三个月的时候总共有 5 对；其中 3 对各生一对兔子，第四个月总共有 8 对兔子……就这样持续到一年结束，最后总共有 377 对兔子。

1.　1.　2.　3.　5.　8.　13.

《算法之书》里，斐波那契在这个数字面前止步了。可只要掌握了公式，我们就能让"斐波那契数列"无限地延长下去：从最初的一对兔子开始，每个数字都是前两个数字的总和。因此，这个数列是 1, 1, 2, 3, 5, 8, 13, 21, 34, 55, 89, 144, 233, 377, ……。你们可能不会相信，这个数列起源于一个平淡无奇的兔子问题，却有着许多特性，甚至有一本杂志《斐波那契季刊》出版发行了五十多年，专门研究它。斐波那契数列是从一个关于兔子繁殖的故事中诞生的，这个说法听起来过于离奇，不太可信，反而有可能是斐波那契在他的游历过程中，学会了二项式系数的三角形排列，就是如今学生们在课堂上学习的杨辉三角。中国人早在阿拉伯人之前，就发现了这个三角形。我们可以观察下图，以了解这个三角形：

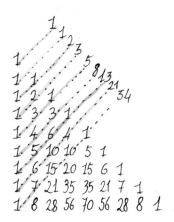

水平线上的数字是 $(a+b)^n$（$n=1$，2，3，4，…）展开式各项的系数。如此，1 和 1 就是 $a+b$ 中 a 和 b 的系数，$(a+b)^2$ 的展开式 $a^2+2ab+b^2$ 中各项的系数依次是 1，2，1，$(a+b)^3$ 的展开式

$a^3 + 3a^2b + 3ab^2 + b^3$ 中各项的系数依次是 1，3，3，1，以此类推。当你们把每条对角线上的数字相加时，得到的恰好是斐波那契数列！我们可以想象，斐波那契正是以这种方式获得了那串数字，然后编造了兔子问题，好让这个如此有组织性的数列更贴近现实。

无论斐波那契数列是如何诞生的，我们在众多领域都能看见它的身影。在自然界，斐波那契数列的应用更是数不胜数。莱奥纳多·西尼斯加利[1] 在杂志《机器文明》（1953 年）上发表了文章《指导方针》，他在文中问道："你们知道一朵花、一片叶子生长的形状，葵花子的排列方式吗？你们知道叶序吗？"他接着说："一个奇怪的数字，以决定性的姿态，主导着这些生长线。这个数字支配着宇宙中一大半的生物。"

数字 $\varphi = \dfrac{1+\sqrt{5}}{2} = 1.618$ 满足 $\varphi + 1 = \varphi^2$ 它拥有这个独一无二的特点。"我们在松果、蜗牛壳、银河系，还有芽孢杆菌菌落中看到了这个螺旋。"向日葵花盘上的葵花子按螺旋线排列，逆时针 34 条、顺时针 55 条，而罗马花椰菜除了有这个螺旋，还具有分形的自相似性，即每一个小花簇都有着和整个花簇一样的形状。还

---

1 莱奥纳多·西尼斯加利（Leonardo Sinisgalli，1908—1981），意大利诗人和评论家。他所接受的早期教育和从事的职业，使其获得了"工程师诗人"的称号。

有一些植物的叶子和花瓣，即西尼斯加利所说的叶序，也是围绕着中心轴按黄金螺旋线展开的，这在有些人眼里简直是"生物之谜"。

你们也许会问：黄金分割与斐波那契数列有什么关系呢？开普勒[1]专注于在整个自然界中寻求数字的奥秘，他发现随着斐波那

---

1 开普勒（Johannes Kepler, 1571—1630），德国天文学家、数学家。他是17世纪科学革命的关键人物，最为人知的成就是开普勒定律。

契数不断增大，相邻两数之比会越来越接近黄金分割比 φ。这个无法表述的数字，是毕达哥拉斯学派的标志，也为卢卡·帕乔利修士提供了一把钥匙，以解开有关五种正多面体的"科学奥秘"，并将成果写进《神圣比例》（1509 年）。这是一部"为所有聪敏又有好奇心的人准备的著作"。在卢多维科的米兰宫廷里，帕乔利结识了达·芬奇，后者为他的《神圣比例》创作了精美的插图——实心和空心的多面体，正多面体，多面体截面图和星形正多面体。

Istanti fatali

Quando i numeri hanno spiegato il mondo

尖叫的数学：令人惊叹的数学之美

是否存在一个数字，

能够让我们像计算正方形一样

去计算圆形呢？

从遥远的古代开始，

数学家们一直追寻或者说

在越来越严格的限制内仅用尺规去探寻的

那个神秘常数究竟是什么？

为什么无数的割圆者

最终都放弃追寻那个数字的本质？

Chapter **04**

第四章
正方形与圆形

圣殿里的水盆与书写员的田地 >>

在莫扎特一首著名的咏叹调中，莱波雷洛[1]对贵妇埃尔维拉支支吾吾地说："夫人，……要说这世上的真实情况，正方形和圆形本来就不一样……"随后为她读了唐璜的"情人目录""我主人爱过的美人们的名字"。因此，就连18世纪末的一个普普通通的仆人都知道正方形和圆形不一样，可见这是一件众所周知的事情。然而，剧作家洛伦佐·达·彭特[2]借莱波雷洛之口说的这段话，或许不仅仅是为了简单的押韵。他也许在暗指一个难题：这个问题难以解决，甚至无法实现，只能是白费力气，引人发笑。这个难题是关于如何化圆为方，换句话说，就是给出一个圆形，如何画出一个和它面积相等的正方形。

---

1 莱波雷洛（Leporello），歌剧《唐璜》中主人公唐璜的侍从。

2 洛伦佐·达·彭特（Lorenzo da Ponte，1749—1838），意大利裔美国人，18世纪及19世纪著名歌剧填词家、诗人，创作了《唐璜》的剧本。

　　为什么人们思考的是如何将圆形化为正方形，而不是化为三角形或者矩形呢？因为在所有图形中，正方形的大小是最容易测量的，这一点毋庸置疑。只要知道边长，就能计算出它的面积。这也就是为什么从古代起，人们就在思索如何把圆化为与其面积相等的正方形，然后测量正方形的边长大小来确定圆的面积。通过这种方式，人们就能精准地测量出圆的面积，就像人们能精准地计算出三角形、矩形以及任何一个多边形的面积。

　　达·彭特在撰写《唐璜》（1787 年）脚本时，极有可能并不了解这些几何学上的微妙之处。他是皇帝约瑟夫二世的维也纳宫廷诗人。据说，他在写脚本的过程中接受了像贾科莫·卡萨诺瓦[1]这样的专家的帮助，尽管他可能并不怎么需要。因为他其实也是个风流浪子，曾因"与一位受人尊敬的女士公开同居，并扣留这位女士"而被审判，还被控告住在妓院里，在那里组织狂欢会，还和一个情妇生下了几个孩子，而被威尼斯共和国驱逐。这些行为实在令人难以恭维，更别说做出这些事的人还是一位教士——达·彭特是威尼斯圣路加教区的神父。达·彭特出生在切内达城的贫民窟里，原名伊曼纽·科内利亚诺，青年时皈依了天主教，

---

1 贾科莫·卡萨诺瓦（Giacomo Casanova，1725—1798），极富传奇色彩的意大利冒险家、作家，"追寻女色的风流才子"。

当地教区的主教给他起了新名字。然后，他进入了神学院，后来还拥有了投票权。所以，他应当很熟悉基督教经典。或许，他还记得《列王纪》中和我们的问题相关的一段内容。

圣经中说，所罗门王命人建造圣殿时，从推罗召来了一个擅长制造各种铜器的匠人，命令他"铸造一个铜海——一个直径为十腕尺 [1] 的铜盆，必须是完美的圆形；高五腕尺，还得做一条三十腕尺长的绳，能够围住铜盆。"这个叫"海"的铜盆是神父们用来净手的。《列王纪》成书时间大约在公元前 550 年，照书中这段话看来，如果一条三十腕尺长的绳能够围住直径为十腕尺的盆，就说明当时的希伯来人认为圆的周长是直径的三倍。

圆周与直径之比，化圆为方，两者间有什么关系吗？当然有了，它和圆形的一个特点有关，也是我们在学校里学到过的：圆的面积与周长之间存在紧密的联系，已知圆的周长就可以计算出它的面积，反之亦然。无论是什么圆，无论圆周多少，这两个量值都围绕着一个恒定不变的数字。你们随意选择一个圆，可大可小：无论半径多少，圆的周长与直径，面积与其外切正方形的面积始终保持相同的比例，即始终是同一个比值，你们不觉得异乎寻常吗？

---

1 腕尺，古时长度单位。1 腕尺约合 **44.37** 厘米或 **46.38** 厘米。——编者注

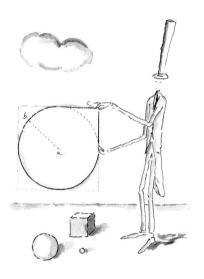

　　一旦确定了这个数字，化圆为方和精确周长的问题都能迎刃而解。精确周长，有时也等同于找一条与周长相等的直线。确实，只有线段的长度可以准确测量出来。如果想要同样精准地测出曲线的长度，就需要"拉直"它，也就是把它变成相同长度的线段。达·彭特肯定不知晓如何实现这一点，但几十年前，圣彼得堡科学院的一位伟大的数学家莱昂哈德·欧拉[1]"为了简略起见"，已经开始用希腊字母 π 表示那个数字了，且被沿用至今。

---

1 莱昂哈德·欧拉（Leonhard Euler，1707—1783），瑞士数学家和物理学家，近代数学先驱之一。

欧拉用当时的"国际"通用语——拉丁语在著作上签名，写作 Eulerus，写成意大利语就变成了 Eulero。可 π 只是一个符号，因为就连那个时代最杰出的数学家之一 ——欧拉也无法精确计算出那个数字。

对书写《列王纪》的犹太人来说，π 等于 3，可在其他地方早就出现了更加精确的推算。例如，距古巴比伦城约 300 千米的苏萨城址，在 1936 年出土了一块古巴比伦泥板，可追溯到大约四千年前，上面有一个正六边形，内接在一个圆里[1]。这块泥板的书写者只能说出六边形与圆形的周长之比，用巴比伦的六十进制记数法表示，就是 $\dfrac{57}{60} + \dfrac{36}{60^2}$。

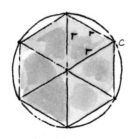

---

1 这种古老的化圆为方的方法其实在理论上存在缺陷。它是微积分中极限逼近思想的体现，但是极限逼近需要从圆的外部和内部同时逼近，才能获得精确值。

他是怎么发现这个数字的呢？这块泥板表明，古巴比伦人很清楚正六边形的边长是圆半径的 6 倍，或者说是直径的 3 倍，也知道圆周与直径成比例。换成我们更熟悉的话来说，书写者认为圆周与直径的固定比值，即我们用 π 表示的数字，等于 $3+\dfrac{1}{8}$，即 π＝3.125。

书写员阿默斯的纸草书告诉我们，古埃及人也遇到了同样的问题。这本书以传授"一切现存事物的知识与所有奥秘"为初衷，成书时间为前 1650 年左右，但阿默斯在内容上依据了更早年代（前 2000 年至前 1800 年间）的一本教科书。那么古埃及人推算出的直径与周长之比是多少呢？

这本纸草书列出的问题 50 是求一块圆形田地的面积，其直径为 9 *khet*（*khet* 是一种长度单位，1*khet* 约等于 52 米）。想象一下，在现实世界里，有一块这种形状的田地……先不管这个想法有多奇特，书写员给出的解法是将直径缩短 $\dfrac{1}{9}$，得到正方形的边长，就能算出圆形的面积了。换句话说就是，圆形田地与边长为 8 *khet* 的正方形面积相等。阿默斯没有解释为什么，也没有说明他是如何得出这个答案的。他的解法完全基于经验，或许就是这本纸草书揭示的"奥秘"之一吧，就像圆和它的外切正方形面积之比，圆周和它的直径之比，比值始终是同一个数字，都是书中的"奥秘"

吧。阿默斯也知道这个数字的存在，从他写下的解法中可知圆和它的外切正方形面积之比为 $4 \times \left(\dfrac{8}{9}\right)^2$，因此 π 的近似值为 3.16。

奥托·诺伊格鲍尔著有一本关于古代数学的极具创新性的书，西蒙娜·韦伊从中了解到古埃及对 π 的研究成果。在写给哥哥安德烈的信中，她评价说"感觉这个数值很容易想到，设想一些非常粗略的方法就够了"，就像阿默斯极有可能使用的那些方法。这位法国女哲人说，假设我们把这个圆的外切正方形（边长为 9 *khet*）分成 81 个小正方形。"为了得到圆的面积，正方形每个角上需要减去 3 个完整的小正方形，再减去 3 个半个的小正方形。"西蒙娜·韦伊想象的这个实证过程，应该和阿默斯的相差不远，因为阿默斯在问题 48 中也给出了一个类似的证明过程。

问题 48 讨论的是一个正方形的内切圆，正方形边长为 9 *khet*。阿默斯将每条边平均分成三段，画出一个八边形 *ABCDEFGH*，因为各边长并不相等，所以不是正八边形。如果要计算八边形的面积，可以把边长为 3 *khet* 的小正方形和半个小正方形相加，结果为 63。此时，尽管圆比八边形大一点，但面积已经非常接近八边形的面积大小。或许是为了"弥补"那点误差，阿默斯将答案 63 替换成了 64，然后说明了解法。他的方法也具有简化计算的特点。和他遥远的古巴比伦同事一样，阿默斯也无法确切地知道那个常数的值，只能提供一个单凭经验的证明方法。而那个常数一经确定，只要知道直径，就能计算出圆的面积。

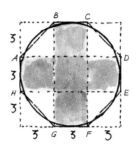

无论事实如何，这位书写员肯定没想到，他的问题竟然开启了之后数百年里最著名的难题——如何化圆为方，众多数学家为之苦思冥想，不得其解。

除了阿默斯，古代中国的数学家也喜欢研究圆形的田地。在中国经典著作《九章算术》中，有一个问题和阿默斯提出的十分类似："今有圆田，周三十步，径十步。问为田几何？"（1步约等于1.4米）。你们会注意到，和《列王纪》一样，问题中也暗示了π的值为3。在《九章算术》后面的问题中，田地的形状又是什么样的呢？"今有环田，中周九十二步，外周一百二十二步，径五步。问为田几何？"你们或许会感到意外，原来我们在学校课堂上绞尽脑汁思考的那些脱离现实的稀奇古怪的数学问题，古已有之。

测量大气……和月亮 >>

在普鲁塔克的著作中，困扰哲学家阿那克萨哥拉[1]的问题同样历史悠久，存在于公元前5世纪。阿那克萨哥拉是伯里克利[2]的良师兼益友，他认为太阳和月亮不是神，只是一个炙热的球体和一大块反射太阳光的岩石，因此被判渎神罪。为表明人的幸福与美德不会随身处的地方和环境而改变，普鲁塔克在《论流放》中说：阿那克萨哥拉竟然在监狱中研究化圆为方的问题。普鲁塔克是第一个无意间提及这项研究的人。他没有告诉我们，阿那克萨哥拉是否解决了这个问题，也没有讲述阿那克萨哥拉在思考这个问题时遇到的困难。阿那克萨哥拉被伯里克利从牢狱中救出后，遭

---

[1] 阿那克萨哥拉（Anaxagoras，约前500—约前428），古希腊哲学家、原子论的先驱之一。

[2] 伯里克利（Periclēs，约前495—前429），古希腊雅典政治家，民主派领袖。

到了放逐，不得不离开雅典，去往小亚细亚海边的一片希腊殖民地——兰萨库斯。

　　阿那克萨哥拉逝世十多年后的公元前 414 年，阿里斯托芬[1]在他的杰作《鸟》中嘲笑了勘测员默冬。默冬上场时，手持测量仪器，吹嘘自己在整个希腊无人不知，无人不晓，还知道如何化圆为方。珀斯特泰洛斯问默冬要做什么，这些仪器有什么用，默冬回答说这些是"测量空气的工具"，因为"整个大气有如极大的洪炉。我把这根角尺放在这上面，在这点放上我的圆规。明白吗？"珀斯特泰洛斯当然不明白，于是默冬向他解释说："我用这根直尺测量，化圆周为四方。""这家伙简直是个泰勒斯！"珀斯特泰洛斯感叹道，"默冬啊，听我的话，偷偷地溜了吧。""为什么呢？"默冬问，"有什么危险吗？难道在打内战？""那倒不是。"珀斯特泰洛斯回答说。当时的雅典正在和斯巴达交战，同时活跃着苏格拉底与一批诡辩家。在雅典"就跟在斯巴达一样，这儿的人反对外国人"。我们可以这么说，不是什么新鲜事。"城里挨打的可多着哩"，乱得很。可怜的默冬来不及离开，就挨了珀斯特泰洛斯的拳头，引得看这幕喜剧的观众哄堂大笑。

---

1 阿里斯托芬（Aristophanēs，约前 448—约前 380），古希腊喜剧作家，有"喜剧之父"之称。

　　总之，一个想要化圆为方的数学家成了可怜的笑柄。他所做的一切都是白费力气，浪费时间，就像化圆为方这件事本身就是徒劳的。然而，几十年前，也就是公元前 450 年至前 430 年，在雅典不仅活跃着阿那克萨哥拉，还有希俄斯的希波克拉底。在上文讨论倍立方问题时，我们已经认识了希波克拉底。他还能将一些与圆相关的曲线图形化为等积正方形。卡洛·埃米莱奥·加达[1]在《机械》中用极富想象力的文字说："某个希波克拉底掌握了化曲为直的技巧，他设想了一些月形，认为（且人们依然认为）它等于直角三角形的面积并从三角形中冉冉升起。"

　　加达在说什么？月形又是什么？顾名思义，月形长得像一弯月亮，通过看图，我们会对它有一个更清晰的认识。

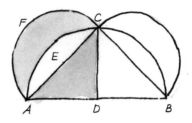

　　圆弧 *AFC* 和 *AEC* 之间的部分就是月形。希波克拉底先认定直

---

1 卡洛·埃米莱奥·加达（Carlo Emilio Gadda, 1893—1973），意大利作家、诗人和工程师。

角三角形 ABC 内接于半圆，然后证明月形 $AFCE$（阴影部分）的面积等于三角形 ADC（阴影部分）的面积。他是这样论证的：由毕达哥拉斯定理可知 $AB^2=AC^2+CB^2=2AC^2$，然后依据两个圆形或半圆形面积之比等于其直径的平方比。换句话说——希波克拉底解释说——你们任取两个圆形，这两个圆形（或两个半圆形）的面积之比等于以它们的直径所作的正方形的面积之比。因此，由 $AB^2=2AC^2$ 可知以 AB 为直径的半圆 ACB 的面积是以 AC 为直径的半圆 AFC 面积的两倍。而半圆 ACB 的面积又是四分之一圆 ADC 面积的两倍，即半圆 ACB 的面积 = 四分之一圆 ADC 的面积的两倍。所以，半圆 AFC 的面积 = 四分之一圆 ADC 的面积。现在，让我们看图：如果去掉半圆 AFC 和四分之一圆 ADC 的共同部分 AEC，剩下的是什么呢？一边是月形 $AFCE$，另一边是直角三角形 ADC，所以该三角形与月形面积相等。希波克拉底可能会说，你们成功把月形变成"方形"啦。很明显，你们只考虑了图形的一半。的确，AFC 是以 AC 为直径的半圆，你们可以画出它的另一半，即以 BC 为直径的半圆，如此一来，你们就得到了与月形 $AFEC$ 对称的月形。因此，正如加达所说，这两个月牙从直角三角形 ABC 中"冉冉升起"，且与它面积相等。

　　辛普里丘在评价亚里士多德的《物理学》时谈到了希波克拉底的这次论证以及其他"化曲为直的技巧"，承认自己"逐字地"

引用了亚里士多德的学生——欧德莫斯[1]撰写的《几何学史》中的内容。欧德莫斯远比辛普里丘更"贴近"希波克拉底生活的时代。

那么，看来希波克拉底还思考了以下这个问题：正六边形内接于一个以 CD 为直径的圆，更准确地说，应该是它的一半 CEFD 内接于半圆 CMENFOD，3 个月形分别建立在边 CE、EF 和 FD 上，这三条边与 AB 长度相等，AB 为半圆的半径，即直径 CD 的一半。欧德莫斯说，用和上个例子中类似的推理方法，希波克拉底证明了不规则四边形 CEFD 的面积等于 3 个月形 CGEM、EHFN、FKDO 以及半圆 ALB 的面积总和。

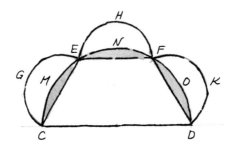

欧德莫斯认为，希波克拉底还能证明标记为 2 的区域面积等于标记为 1 的两个区域面积之和，月形 ABC 的面积与直角三角形 ABC 的面积相等，从而化月形 ABC 为正方形。

---

1 欧德莫斯（Eudemus，约前 370—约前 300），古希腊哲学家、科学史家。

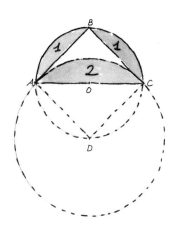

然而，在半圆内接六边形的情况下，三个月形与半圆的面积之和确实能化为等积正方形，可是用同样的方法，却无法将其中任何一个单独化为正方形。我们能在达·芬奇的《大西洋古抄本》中找到一个类似的例子，研究的是这个图形：

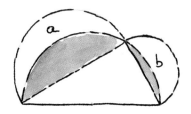

达·芬奇说："图中 a、b 两个半圆的面积之和等于直角三角形的外接半圆面积。"即分别以两条直角边为直径的两个半圆的面

积之和等于以直角三角形斜边为直径的半圆的面积。达·芬奇接着说："两个相等的面积分别去掉相等的部分，剩下的部分仍然相等。因此，如果去掉两个半圆和最大的半圆重合的部分，剩下的两个月形面积之和与直角三角形面积相等。"但是，这种情况下得出的定理同样没有告诉我们每个月形的面积。

令人惊讶的是，一位阿拉伯数学家——海什木[1]在大约公元1000年才发现这个定理。他的《论月形》于1899年被译介到西方，所以达·芬奇不可能看到这本书。达·芬奇虽然自称"文盲"，但他不太可能缺乏数学知识，就像人们时常在书上看到的那样，他喜欢绘制各种圆弧组合的图形，比如希波克拉底研究的第一个月形图，还画了很多其他类似的图形（有专家发现《大西洋古抄本》的其中一页纸上就有 176 个图形！）

---

1 海什木（965—1040），阿拉伯学者、物理学家、数学家，在光学研究方面有突出成就。

刻苦钻研的古代"割圆者" >>

　　看着自己获得的成果，希波克拉底应该很自豪吧。这是第一次有人仅仅使用尺规画线作圆，就能精确地测算出一个曲线图形的面积。他应该思考过这个问题：如果人们能够像数学家说的那样"化弧为方"，准确地测算出半径不同的两段弧线围成的面积，那么仅仅由一根弧线围成的面积，为什么从未有人算出呢？为什么做不到"化圆为方"呢？这个问题非常合理，因此他继续钻研。他能够将某些月形化为等积正方形，可他或许也意识到了，并不是所有的月形都可以，比如我们前面看过的内接六边形的例子，至少使用尺规（在有限步骤内）作图的老办法行不通。

　　在希波克拉底时期的雅典，还活跃着诡辩家希皮亚斯[1]，他来

---

1 希皮亚斯（Hippias），古希腊诡辩学派的一员，他教授诗歌、语法、历史、政治和数学等多方面知识，享有博学多才的名声。

自伯罗奔尼撒半岛的埃利斯。他发明了一条曲线，将角分为三个相等的部分，似乎能够解决上述问题。（三等分角、化圆为方及倍立方问题并称几何学三大难题。）那条曲线也被称为"割圆曲线"，因为利用这条曲线，可以用尺规作图的方法实现化圆为方。希皮亚斯可能用这条曲线实现了化圆为方，而大约公元前 350 年的狄诺斯特拉托斯，则确确实实用它解决了化圆为方的问题。你们或许会说：我们终于解决这个问题啦！但事实并非如此。要想知道为什么，就让我们看看这个曲线究竟是如何定义，又是怎么画出来的。

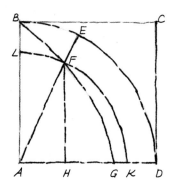

现有一正方形 ABCD 和四分之一内接圆 ABD，设线段 BC 与 AD 保持平行地匀速移动，其端点 B 在 BA 上移动，直到 BC 与线段 AD 重合。同时，圆的半径，也就是线段 AB 匀速地按顺时针方向移动，一直转到 AD 的位置。结束移动时，线段和半径会与线

段 *AD* 重合。在整个移动过程中，两条线段相交的点，如点 *F*，所连成的轨迹就是希皮亚斯割圆曲线。因此，在数个世纪之后的笛卡儿提出了异议，它是一条"机械"曲线，并不是几何曲线。根据该曲线的定义，它满足以下比例：$\angle BAD : \angle EAD = \overset{\frown}{BED} : \overset{\frown}{ED}$ $= AB : FH$。利用这个比例，可以平分任意角，例如 $\angle EAD$，不仅能均分成三个，而且可以分成任意个数的角。像我之前说的，如果想要在已知半径的情况下算出圆的面积，需要知道一个常数的值，而用希皮亚斯割圆曲线就可以确定这个常数。若真是这样，为什么问题还是没得到解决呢?

　　古代的帕普斯[1]（公元 3 世纪）已经给出了解释：首先，这个推理过程中的圆是不完整的。与 *B* 重合的两个点，一个沿着线段移动，另一个沿着圆弧移动。两点的移动速度之比，也是 $\overset{\frown}{BED}$（圆周的四分之一）与线段 *AB*（半径）之比。在不知道这个比值的情况下，两点不可能同时到达终点。但这个比值，这个难以捉摸的常数又恰好是我们需要确定的值。第二个理由更细致入微：根本不会有 *G* 点，因为当线段 *BC* 和 *AB* 同时停止移动时，它们都与 *AD* 重合，根本不会有相交的点。

---

1 帕普斯（Pappus，约 300—约 350），也叫亚历山大的帕普斯，古希腊数学家，著有《数学汇编》（*Synagoge*）一书，该书记录了许多重要的古希腊数学成果，在数学史上意义重大。

　　为了避开这些难点，你们可以用尺规平分∠BAD，接着平分以线段 AD 为边的半个角，然后继续平分靠近线段 AD 的半个角，重复这个操作任意次数，同时每次过点 F 作 AD 的垂线 FH，以 AF 为半径的圆周交 AD 于点 K。慢慢地，你们会发现，每重复一次步骤，线段 HK 都会变得越来越短。

　　注意啦，只需要直尺和圆规就能完成这些操作。但是，只有你们重复无限次这个步骤，才能得到 G 点。一旦获得 G 点，通过 $\overset{\frown}{BED}$：$AB=AB$：AG 就能知道 $\overset{\frown}{BED}$ 的弧长。而该比例的成立，可以运用归谬法论证 $\overset{\frown}{BED}$ 与 AB 之比既不小于也不大于 AB 与 AG 之比。此时，你们就可以化圆为方了。想要计算圆的面积，还差一步，这一步将由阿基米德在未来完成，但此时的你们已经步入了雷区。在古希腊人看来，无限本身会走向悖论，就像芝诺[1] 对阿喀琉斯永远追不上乌龟和飞矢不动的论证。应该尽量避免无限，就像避开瘟疫一样。这就是为什么希皮亚斯割圆曲线解决不了这个问题！因为这是条"机械"曲线。其次，为了确定圆周（或四分之一圆周）与半径之间存在的那个神秘莫测、难以捉摸的数字，它陷入了一个无限的进程。总之，古希腊人在探索化圆为方的过程

---

1 芝诺（Zenon Eleates，约前 490—约前 436），古希腊哲学家。他因提出关于运动不可能的悖论而知名。

中，运用了尺规作图的方法，但仅仅在有限步骤内作图。为了接近这个数的数值，古希腊数学家不得不寻找一个更严谨的办法，以避免走向无限。

苏格拉底时期的雅典，化圆为方仍是未解的难题，引得阿里斯托芬对此冷嘲热讽。可与此同时，化圆为方也成了一个"热门"的研究课题，吸引了众多数学家和哲学家，就比如亚里士多德在《物理学》中提到的两位"割圆者"。这两位想在希波克拉底的基础上，用一种直接的方式解决问题。与其在寻找圆周与直径之比上绞尽脑汁却一无所获，不如从圆内接与圆外切正多边形入手。他们中的第一位是安提丰[1]，和希皮亚斯一样，他是个诡辩家，也是苏格拉底的对手。安提丰所得出的结论被亚里士多德迅速否定了。亚里士多德称几何学家的任务不是反驳那些不遵循几何学原则的化圆为方，而诡辩家们化圆为方的方式恰恰违背了几何学原则。安提丰的论证方法是什么呢？辛普里丘在关于《物理学》的评述中给出了解释。安提丰作了一个圆内接正方形，然后将正方形的边一分为二，作一个八边形，再用同样的方法作出正十六边形，"以这样的方式继续下去，面积终会穷竭"。

---

1 安提丰（Antiphon，约公元前 5 世纪），古希腊智者的代表人物。

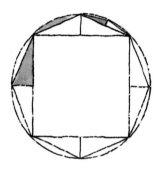

　　"穷竭"？辛普里丘想说什么？他的意思是，安提丰认为，随着这个步骤的不断重复，圆内接正多边形的边会变得越来越短，终会与圆周重合。每一个多边形又可以转换成与之面积相等的正方形，因此，安提丰认为用这样的方式就能解决化圆为方的问题。可是，正如亚里士多德所说，"很明显，这个推理违背了几何学原则"，辛普里丘也强调说，因为"无论如何，一根直线是无法与一根弧线重合的"。安提丰违背的几何学原则正是这点。因为直线和曲线之间的关系不可把握，中世纪的经院哲学家们如是说。笛卡儿也说："直线与曲线之比仍是未知，我认为它是不可知的。"除此之外，辛普里丘补充道，还有一点原则也存在争论，就是量值可以无限次平分的规则。没错，就算边的数量可以无限增加，正多边形的边与相应圆弧之间的面积可以被不断细分，但这个面积不会像安提丰以为的那样穷竭，它永远都不会被分完。

　　赫拉克利亚的布赖松[1]生活在公元前 5 至前 4 世纪，有些人认为他是一个诡辩家，有些人则认为他是苏格拉底的一个学生。他似乎是发展了安提丰的基本思想，利用圆内接与圆外切正多边形解决化圆为方的问题。在亚里士多德看来，他的这个想法"属于诡辩"，"似是而非"。布赖松认为，将圆内接与外切的正多边形的边增加到一定数量，就能得到一对面积大小极其接近的正多边形，它们面积的平均数应该就是圆的面积，因为圆的面积介于其内接正多边形的面积与外切正多边形的面积之间。他明显忽视了，除了他认定的那一对，圆内接与外切的正多边形还能无限地变化发展下去。《神曲·天堂篇》的第十三歌中，但丁嘲笑布赖松"没有本领而到海上去捕捉真理"，是"还在走路但不知走往哪里的众人"中的一人。

---

1 赫拉克利亚的布赖松（约前 450—约前 390），古希腊数学家和诡辩家。

测量圆形的阿基米德 >>

　　除了但丁给出了不容置辩的评价，这条由安提丰开创，布赖松延续的探究道路，稀奇古怪而毫无结果。但是，到了公元前 4 世纪，出现了一个人，他沿着这条道路，走向了正确的方向。他就是欧多克索斯[1]，他建立了所谓的"穷竭法"，使涉及"无穷"的数学结果都不再是"悖论"，摆脱了芝诺的批判。穷竭法是一种无限逼近的方法，一般使用归谬法达成论证。

　　欧几里得在《几何原本》中用穷竭法证明了两圆的面积之比等于其直径平方之比，两球的体积之比等于其直径立方之比。为了证明第一条定理，欧几里得按照安提丰的做法，设一连串内接于圆的正多边形，其边数按 4、8、16……不断增长，然后证明随

---

1 欧多克索斯（Eudoxus of Cnidus，约前 400—前 347），希腊数学家、天文学家。

着边数的增长，正多边形越来越逼近圆形（为近似亏量，因为多边形内接于圆，它们的面积始终小于圆形面积）。确实如此，如果边数无限增多，圆和多边形的面积之差可以小于任意给定面积。如果想让安提丰仅凭经验的论证变得更严谨，这就是必不可少的一步！

欧几里得接下来的推理使用了归谬法：设两个圆，面积分别为 X, X'，直径分别为 d, d'，S 是某个不等于 X' 的面积。两圆的面积之比应当等于其直径的平方之比，即 $X:X'=d^2:d'^2$，若 $S>X'$，或 $S<X'$，$X:S=d^2:d'^2$ 都不成立，因此，$S=X'$。

那个模糊不清的圆周与直径的比值，让数学家们追寻了数个世纪却一无所获。阿基米德（公元前 3 世纪）使用欧多克索斯建立的"穷竭法"计算圆的面积，终于获得了一个相当精确的估值。在其著作《圆的测量》中，伟大的锡拉库萨人阿基米德证明了圆的面积等于一个以其周长及半径做直角边的直角三角形的面积。这个定理对所有圆都成立。你们任意选择一个或大或小的圆，那么，以该圆的周长和半径做直角边的直角三角形，与这个圆面积相等。阿基米德和欧几里得一样，同样用归谬法论证了这个定理：圆的面积 C 不可能大于，也不可能小于直角三角形的面积 T。因此，圆的面积必定等于三角形的面积。用拉丁语做结语就是 Tertium non datur（没有第三者）。不存在其他可能性。你们不信吗？

那你们依照阿基米德的做法，先假设圆的面积 C 大于三角形的面积 T，即 $C>T$。接着，按照安提丰开创的方法，建立内接于圆的正方形、正八边形、正十六边形……总之，不断地使正多边形的边数加倍，直到某一个正多边形（面积为 P），其各边与圆弧之间的面积总和小于 $C-T$，即 $C-P<C-T$，由此可得 $P>T$。但这个结论是不成立的，因为每一个多边形都有一个与之面积相等的三角形，这个三角形的底边是正多边形的周长（小于直角三角形的底边长——圆的周长），高小于圆的半径（半径又是三角形的高）。你们用同样的方法，作圆外切正多边形，可证明 $C<T$。这样一来，在这样内外逼近的极限状态下，$C=T$，你们就证明了圆的面积与直角三角形的面积相等。

如果你们以为在阿基米德的帮助下，终于解决了化圆为方的问题，那你们就错啦。还不到欢呼雀跃的时候。让我们来看看，这位来自锡拉库萨的数学家究竟教会了我们什么。通过使用尺规在大量但有限的步骤内作图，他告诉了我们圆的面积与什么相等，证明了圆的面积等于一个直角三角形的面积，在化圆为方的问题上迈出了一大步。

然而，还需要跨越一个最大的障碍：我们还不知道直角三角形的底边长，即圆的周长，到底有多长，因为圆周与直径的恒定比值仍是个未知数。这关乎阿基米德的另一个新定理：圆的周长是直径的三倍多，超出直径三倍的部分，小于直径的七分之一，大于直径的七十一分之十。因此，这位锡拉库萨的数学家认为，如果已知圆的直径为 d，那么圆的周长 C 介于两个值之间，即 $(3+\frac{10}{71})d<C<(3+\frac{10}{70})d$。他不只是抛出了结论，还给出了比布赖松更严谨的论证过程。阿基米德从圆的内接与外切正多边形入手，增加多边形的边数，直到形成圆内接与圆外切正九十六边形（$6×2=12$；$12×2=24$；$24×2=48$；$48×2=96$）。此时，圆内接多边形的周长是圆周的近似亏量，圆外切多边形的周长则是圆周的近似盈值。阿基米德从这个结果中还得出了另一个定理：圆面积与以其直径为边的正方形面积之比为 $11:14$。

通过在有限的步骤内（用尺规）作线画圆，阿基米德仅获得了一个圆周的近似值。为了用几何的方式把圆周拉直，这位伟大的锡拉库萨的数学家创造了一条曲线——一条以他的名字命名的螺线。当一点 P 沿射线 OP 匀速移动的同时，射线 OP 又以等角速度绕点 O 旋转，点 P 的轨迹被称为"阿基米德螺线"。和希皮亚斯割圆曲线一样，阿基米德螺线也是一条"机械"曲线。在其著作《论螺旋线》中，阿基米德运用穷竭法证明了：若点 P 是螺线上任意一点，过点 P 作螺线的切线 PR，那么线段 OP 的垂线段 OR 的长度与 $\overset{\frown}{PS}$ 的长度相等。以此类推，以 OT 为半径的圆，其四分之一周长等于 OU 的长度。

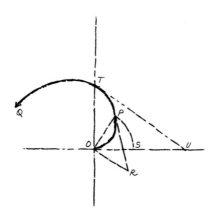

这样一来，就能计算出圆的周长，然后依据《圆的测量》里提出的定理，计算出直角三角形 T 的面积，就得到了圆的面积。此外，阿基米德还证明了螺线第一圈与初始线所围的面积等于以 O 为圆心，第一圈终点与起点之间距离为半径的圆的面积的 $\frac{1}{3}$。紧接着，他还证明了螺线第一圈与初始线所围的面积是它第二圈与初始线所围的面积的 $\frac{1}{6}$。

但是，阿基米德螺线还是遭到了和希皮亚斯割圆曲线同样的批判。无论是利用尺规化圆为方，还是存在于圆周与直径之间的那个常数，仍是未解的难题。数学家们何时才能揭开这个数字的神秘面纱？我们还要等待数个世纪，才会迎来这一宿命时刻的降临！

在另一个距离西西里十分遥远，未曾听说过阿基米德的世界里，刘徽也采用了同样的割圆术——设圆内接（而不是圆外切）多边形。263 年，刘徽在圆内分割出正 3072 边形，计算出圆周为直径的 3.1416 倍。公元 5 世纪，中国数学家祖冲之利用刘徽割圆术，在《缀术》中给出了最准确的圆周率，而这部书早已亡佚。公元 7 世纪，李淳风[1] 在编写隋朝史书《隋书》时，记述了祖冲之极其精确的算圆法：以圆径一亿为一丈，圆周盈数三丈一尺四寸一分五厘九毫二秒七忽，朒数三丈一尺四寸一分五厘九毫二秒六忽，正数在盈朒二限之间。而西方在几百年后才达到同等的精确程度。

在掌握了阿基米德的割圆法后，找到更精确的圆周率就只是耐心程度和计算的问题。然而，还是没有人能够告诉我们，用尺规能否实现化圆为方，那个存在于圆周与直径之间的常数是何面目。不仅阿基米德和中国数学家们无法确定这个数字，几个世纪后的德国人鲁道夫·范·科伊伦[2] 也是如此。

鲁道夫·范·科伊伦花费毕生的心血，坚持不懈地研究圆周率。在 17 世纪初，他把正多边形的边数分割至 2^{62}，在"无止境

---

1 李淳风（602—670），唐代天文学家、数学家，精通天文、历算、阴阳、道家之说。

2 鲁道夫·范·科伊伦（Ludolph van Ceulen，1540—1610），德国数学家。

的计算"（让·勒朗·达朗贝尔[1]在《百科全书》中这样形容）之后，确定了如果直径为1，周长大于3.141592653589793238462643383 27950288，小于3.14159265358979323846264338327950289，将圆周率精确到了小数点后35位！圆周率在两个数值范围内的大小浮动已经微乎其微，这简直超乎想象！范·科伊伦对获得的成果感到万分自豪，想把这个数字刻在自己的墓碑上，永久地纪念他令人叹服的计算能力。可这份荣耀仅是昙花一现，因为17世纪末，圆周率已经能精确到小数点后七十多位了！更别提现代的计算机能算出圆周率后数十亿位的小数。

---

1 让·勒朗·达朗贝尔（Jean Le Rond d'Alembert，1717—1783），法国物理学家、数学家和天文学家。

探索"真正"的化圆为方 >>

　　在阿基米德之后，化圆为方的问题也丝毫没有丧失它的吸引力，从范·科伊伦为之付出的心血中可见一斑。而但丁则在化圆为方的问题中看到了相似性，在《神曲·天堂篇》的结尾中，他望着眼前的上帝，却悟不透三位一体的奥秘，"如同一位几何学家倾注全部心血，来把那圆形测定，他百般思忖，也无法把他所需要的那个原理探寻"。但丁很清楚，化圆为方的问题即便有可能解决，也要克服诸多的困难，正如他在《飨宴》中所写："人无法将带有弧形的圆完美地化为方形。"

　　尽管其难度之大，众所周知，但许多割圆者还是前赴后继，不断尝试。然而，"研究这个问题的大多数人，对问题本身和解决方法几乎没有一个清晰的想法"，18世纪中期的蒙蒂克拉[1]在其著

---

1 蒙蒂克拉（Jean-Étienne Montucla，1725—1799），法国数学家和数学史学家。

作《圆求积的历史探索》（1754 年）中发出了这样的抱怨。在他列举的"临时"割圆者中，也有著名的库萨的尼古拉[1]。尼古拉是一位哲学家，也是一位天主教的红衣主教。他曾撰写了几篇文章，试图解决化圆为方的问题，却遭到了数学家雷格蒙塔努斯[2]的严厉批评。雷格蒙塔努斯将尼古拉定义为"一个滑稽可笑的，妄图与阿基米德比肩的几何学家"，他因为反对尼古拉的理论而受到了蒙蒂克拉的赞扬，因为"他敢于向几何学家提出自己的反对意见，即便几何学家们总是固执己见"。

在《对话——关于库萨的尼古拉提出的割圆法》（1464 年）中，雷格蒙塔努斯披上了数学家克瑞提亚斯[3]的外衣，和另一个虚构人物——尼古拉的学生与仰慕者阿里斯托菲洛交谈。可当克瑞提亚斯询问阿里斯托菲洛的时候，阿里斯托菲洛却记不太清自己老师的论题。阿里斯托菲洛坦言，当他似乎可以百分之百确定的时候，一丝犹豫、茫然的感觉又蔓延开来："就像一个人抓鳗鱼，双手越

---

1 库萨的尼古拉（Nicolaus Cusanus，1401—1464），在德国的库萨出生，是一位文艺复兴时期神圣罗马帝国的神学家、哲学家、数学家和天文学家。他写有许多拉丁文论著，包括宗教和哲学著作。

2 雷格蒙塔努斯（Regiomontanus，1436—1476）为约翰·缪勒（Johannes Müller）的拉丁文名，同样是一位文艺复兴时期神圣罗马帝国的数学家、天文学家和占星术家。

3 克瑞提亚斯（前 460—前 403），古希腊哲学家、政治家与作家。

是用力，鳗鱼越是轻易逃离。""那它是关于什么问题的呢？是一个数学论证过程还是其他什么？"克瑞提亚斯追问道。阿里斯托菲洛说它好像不是数学问题，此时克瑞提亚斯终于爆发了："给出了一个结论，却没有论证，你就只是在浪费我的时间。"

尼古拉在《论学术上的无知》（1440 年）中提出了"对立的统一"，有限亦是无限。在雷格蒙塔努斯看来，直线与曲线有着明显的区别，这与尼古拉的观点截然相反。直线与曲线的区别还在于"圆周不是一条有理线"，即圆周除以直径，所得商不是一个有理数。

数学家施蒂费尔[1]迈出了更大的一步。他与梅兰希顿[2]共事，是维腾贝格大学的教授，也是马丁·路德的朋友。施蒂费尔的《整数算术》（1544 年）的序言就是由被誉为"德国的老师"的梅兰希顿所作。施蒂费尔在该书的附录中讲解了割圆术，提醒研究化圆为方的后人，要区分用圆规画的圆和"数学的圆"。从泰勒斯和毕达哥拉斯所在的古代开始，我们就已经知道前者只是一个近似于后者的图像，凭经验看来，前者是可以转化成方形的，而后者仍是未解之谜，关键之处正在于此。"数学的圆，被恰当地描述成一

---

[1] 施蒂费尔（Michael Stifel，1487—1567），德国数学家，也是一位僧侣和新教改革者。

[2] 梅兰希顿（Philipp Melanchthon，1497—1560），德国语言学家、哲学家、人类学家、神学家、教科书作家和新拉丁语诗人。

个有无数边的多边形"，施蒂费尔紧接着说，这样一个圆，它的周长"与直径之间的比例既不是有理的，也不是无理的"。

因此，无计可施。需要注意的是，"化圆为方超越了人类计算的理性，这点毋庸置疑"。如果圆周率可知，那么圆和它的等积正方形之间应该也有某种比例关系。可圆周率仍是个未知数，施蒂费尔因此总结说："那些为了找到割圆术而想尽一切方法，用尽一切工具的人，最后都无功而返。"可以盖棺定论了？才不是呢，相反，化圆为方的研究即将迈入新阶段，宿命的一刻即将来临。

施蒂费尔说，圆是一个有无数边的多边形。开普勒把这句话原原本本地写进了《对阿基米德的补充》（1615年）里。如果真是这样，就可以用直接的方式证明阿基米德的割圆定理。圆周由无限的点组成，可以将这些点看作无限小的等腰三角形的底边，圆的半径为三角形的两腰，圆心为顶角，这样看的话，圆就是由无数这样的三角形组成的。这就是开普勒在《对阿基米德的补充》中提出的大胆想法，从此，人们在这类研究中对于"无限"的使用进入了更自觉、更大胆的阶段。

在研究化圆为方的人中，也不乏像哲学家托马斯·霍布斯[1]这

---

1 托马斯·霍布斯（Thomas Hobbes，1588—1679），英国政治家、哲学家。他创立了机械唯物主义的完整体系，也写有许多关于历史、几何学、伦理学的著作。

样的门外汉。他在其著作《论物体》（1655 年）中用一整个章节阐述了一种假设的割圆法。当有人指出他在这一章里的一个错误时，这本书正在印刷，他只能把那一章的标题改成"一个错误的假设，得出了一个错误的割圆法"，他心中大为不快，又补充了两个新的论证，并把第一个叫作"近似的割圆法"，第二个叫作"有待验证的割圆法"，结果这两个论证都是错误的。

指出霍布斯错误的人是数学家约翰·沃利斯[1]，出生于英国牛津，其著作《无穷算术》在《论物体》出版后的第二年问世。沃利斯在该书中宣称霍布斯什么也没证明，因为"他的书中充斥着大量可耻的悖论，因此，人们只能偶尔勉强读到一些合理的内容"。沃利斯收集了这位"假割圆者"的谬误和悖论之处，列成表并出版。从这个表上，"人们可以轻松推断出，这个作者并不是他们所期待的有能力解开奥秘的人"，就连化圆为方的问题也解决不了。两人由此开始了无休无止的唇枪舌剑，直到霍布斯逝世。蒙蒂克拉在《圆面积研究的历史》中说，霍布斯在滑稽可笑这方面，敌得过其他所有割圆者，甚至超越了前人。

---

1 约翰·沃利斯（John Wallis，1616—1703），英国数学家，对现代微积分的发展有很大贡献。

面对这个延续多年的难题，许多人费尽心力却一无所获，也包括圣文森特的格列戈里[1]神父。他撰写的鸿篇巨著《关于求圆和圆锥曲线面积的几何作品》（1647年）有一千多页，笛卡儿批评该书平庸至极且杂乱无章。另一方面，方法论的哲学家笛卡儿和古希腊人一样，认为"直线与曲线之比仍是未知，并且是人类无法凭借头脑发现的。因此，任何以这个比例为基础而取得的结论都是不严谨、不正确的"。

在《无穷算术》的前几页中，沃利斯写道："我越来越坚信我最初所怀疑的，即'周长与直径的这个比例'的本质是

---

[1] 圣文森特的格列戈里（Grégoire de Saint-Vincent, 1584—1667），弗拉芒人。他是耶稣会士，也是一位数学家，以研究化圆为方的问题而闻名。

无法用现有的言辞来表述的，用听不见的数也不行，因此或许有必要采用一种新的表达方式。"这句话里的"听不见的数"指的就是无理数。沃利斯本人就在灵光乍现的时刻，找到了那个"新的表达方式"。那个人们寻找了数个世纪之久的常数，那个连同沃利斯在内，仍无一人知晓的数字，它的值在这两个表达式之间：$\frac{3\times3\times5\times5\times7\times7\times\cdots\times13\times13}{2\times4\times4\times6\times6\times8\times8\times\cdots\times12\times14}\times\sqrt{1+\frac{1}{13}}$ 和

$\frac{3\times3\times5\times5\times7\times7\times\cdots\times13\times13}{2\times4\times4\times6\times6\times8\times8\times\cdots\times12\times14}\times\sqrt{1+\frac{1}{14}}$。和沃利斯想法一致的还有詹姆斯·格列戈里[1]，后者在其著作《真正的圆和双曲线的求积》（1667 年）中使用了阿基米德的测算法则，认为在有限条件内将这些图形，尤其是圆，化为等积正方形的问题是无解的。据蒙蒂克拉在《圆面积研究的历史》中的观察，格雷戈里并不是唯一这么想的人。在他之前或之后，还有许多人都赞同这一点，即便他们没有完整的论证过程支撑自己的观点，然而不得不承认，"他们很有可能非常接近真相"。1682 年，莱布尼茨发表了文章《用有理数表示圆和外接正方形之间的真实比例》，也试图寻找"真正"的化圆为方的方法。莱布尼茨找到的"算术"割圆法，由无穷级数 $1-\frac{1}{3}$ $+\frac{1}{5}-\frac{1}{7}+\cdots$ 表示，收敛时的和为 $\frac{\pi}{4}$。而 π 成为表示圆周率的符号，

---

1 詹姆斯·格列戈里（James Gregory, 1638—1675），苏格兰数学家、天文学家。

还是后来的欧拉提出的。为了阐明他的割圆法，莱布尼茨还作了一幅图，将一个单位正方形与一个圆做对比，对此无须多做评述。

这个成果究竟有什么特殊之处呢？就连当时最伟大、最权威的数学家惠更斯[1]都发出了这样的感叹——它"令几何学家们始终赞叹不已"。它的独特之处，你们也看见了，因为它已然在你们眼前。为了确定圆周率，历代几何学家不懈努力，可他们能做到的仅仅是将它所在区间不断缩小，却始终无法看到它的全貌。而莱布尼茨的研究成果意味着人们终于找到了用数字表示圆周率的方式，虽然这个表示方式是一串无穷的数字，且需要进行大量的求和计算以找到 π 的近似值，收敛缓慢，但是无伤大雅。因为，正如美国的数学家和天文学家西蒙·纽康[2]所说，认识 π 小数点后的千万亿位，并没有什么实际用处。"只需要精确到小数点后 10 位，地球周长的计算误差就在 1 英寸[3]以内；而精确到小数点后 30 位后计算出的整个可见宇宙的周长，其误差就连最强大的显微镜都不能分辨。"

---

1 惠更斯（Christiaan Huygens, 1629—1695），荷兰物理学家、天文学家和数学家。

2 西蒙·纽康（Simon Newcomb, 1835—1909），美国籍加拿大天文学家、数学家暨科幻小说作家。

3 英寸，英美制长度单位，1 英寸等于 2.54 厘米。

π 的本质 >>

"如果没有完完全全的割圆术，算术与几何会缺少什么呢？"蒙蒂克拉在《圆面积研究的历史》中自问。他的回答是："什么也不缺。"几何学家的研究给出了令人叹服的圆周率近似值，其精确度之高，没有给人留下什么探索的余地。那为什么还要钻研这一项"无益于人文精神"，只是陷于复杂计算的研究呢？为了说服割圆者们停止研究化圆为方的问题，巴黎科学院于 1775 年宣称不再考虑收录这方面的研究成果。除此之外，柏林科学院院长皮埃尔·莫佩尔蒂[1]也在《科学发展书》（1752 年）中劝说：如今的几何学还有更多有趣的研究课题。

---

1 皮埃尔·路易·莫佩尔蒂（Pierre Louis Moreau de Maupertuis，1698—1759），法国数学家、物理学家、哲学家。他是最先确定地球形状为近扁球形的科学家。

仅仅过了几年，在 1768 年，数学家朗伯[1]就向该科学院提交了一个划时代的成果：π 是一个无理数！我们之前已经遇到过无理数了，比如 $\sqrt{2}$ 和黄金比例 φ。那么，之前所有认为圆周率不是无理数的数学家，比如施蒂费尔和雷格蒙塔努斯，他们错了吗？不，从某种意义上说，他们的直觉是对的。你们会问，怎么可能呢？朗伯不是证明了 π 是无理数吗？是的，没错，可是接下来你们会知道，并不是只有一种无理数。

还差一步，事实上是跨越一百多年的一步，就能到达那个宿命时刻，解开延续数个世纪的谜团。在这漫长的一百多年，π 进入了越来越多新的领域。π 出现在一些抽象的周期公式中，还可以理解，可在一些乍看之下与圆形几何毫不相干的领域，比如概率学和统计学中也出现了 π，这实在令人惊讶。π 与概率学的交集始于布丰[2]伯爵在 1777 年提出的一个古怪的问题：在平面上画一组间距为 d 的平行线，将一根长度为 L（$L<d$）的针任意掷在这个平面上，此针与平行线中任一条相交的概率是多少呢？结果出乎意料，这个概率取决于 π，等于 $\dfrac{2L}{\pi d}$。正态分布

公式中也有 π 的身影。高斯[1]率先将正态分布应用于天体运动研究，该分布曲线在概率学和统计学中都扮演着重要的角色。

尽管 π 无处不在，我们还是没能看清它神秘的本质，但是，在这个时期，数学家们发现无理数是无限不循环小数，其中包括整系数多项式的根，比如 $\sqrt{2}$ 和 φ，它们也被称作"代数数"，还包括其他不是代数数的无限不循环小数。尽管是无限不循环小数，代数数的数量还是且"只"和自然数 1，2，3……一样多。惊讶吗？可事实就是这样！用鲁滨孙计算日子的方式就可以严谨地论证代数数集和自然数集之间存在一一对应的关系。

其他不是代数数的无理数被叫作"超越数"，那么有多少个超越数呢？它们的数量不可胜计！有一个数字，数学家们在还没意识到它是超越数的时候，就已经发现了它。终于到了 1882 年，德国数学家林德曼[2]宣告了他的一个重大发现：π 不仅是无理数，还是一个超越数！这个折磨了数学家们两千多年的难题终于尘埃落定。

利奥波德·克罗内克[3]是一位活跃在柏林的杰出数学家，他不

---

1 高斯（Carl Friedrich Gauss，1777—1855），德国数学家、物理学家、天文学家。他被认为是历史上最重要的数学家之一，并有"数学王子"的美誉。

2 林德曼（Carl Louis Ferdinand von Lindemann，1852—1939），德国数学家。他最广为人知的成果就是证明了 π 的超越性。

3 利奥波德·克罗内克（Leopold Kronecker，1823—1891），德国数学家与逻辑学家。他主要研究代数和数论，尤其在椭圆函数理论上有突出贡献。

相信无理数的数量会远超自然数。在一场公开会议上，他旋即反驳了林德曼的论证：这是一场精彩的数学训练，但是"他什么也没证明，因为超越数根本就不存在"。怎么会什么都没证明呢？克罗内克的观点遭到了数学家们的集体排斥。"如果人们对超越数的证明过程毫无兴趣，就意味着我们丧失了理性。"西蒙娜·韦伊在给其兄安德烈的信中感叹说。

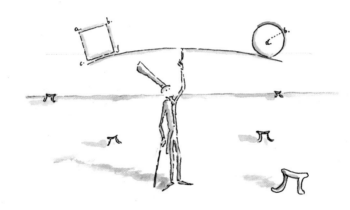

林德曼究竟证明了什么呢？这位卓越的数学家"只是"证明了，在满足欧几里得《几何原本》中几大公理的前提下，简言之，就是在（有限步骤内）使用尺规作图的前提下，完成化圆为方（或者说将圆周拉直）是不可能的事。在这宿命般的一刻，林德曼为一个延续千年的故事画上了句号，开启了一个新的数学阶段。数学家们曾用数个世纪追寻那个神秘的数字却一无所获，因为不知道它的值，只能用一个符号来表示它。这个不为代数基础运算所掌控的数字终于展露了它深奥难解的本质。诗人兼工程师西尼斯加利的表达很恰当，说这个超越数"支配着机械世界"，因为它无处不在。而且，正如你们之前所读到的，受它支配的不只那个机械世界。

数学家们终于看清了 π 的本质，而 19 世纪末，却有一位叫古德温的医生宣称自己"以一种超自然的方法获悉了圆的确切周长"，并提出了一项议案——用"一个新的数学真理"取代 π。如果印第安纳州参议院真的严肃考虑了这项议案，那么，π 的真正本质，在跨过大西洋后，就会消失在广阔的美国平原上。一些参议员认为这项议案简直荒谬至极，最后，该议案没有被通过反而被无限期推迟，因为他们觉得这个议案不可能通过立法程序。

草率的古德温医生提出的议案实在古怪，而迈克尔·基思[1] 在 1995 年做了一件或许称得上同样古怪的事情，虽然比议案可能造成的公共财政损失要小。迈克尔·基思改写了埃德加·爱伦·坡的诗集《乌鸦》中的一首诗，让诗中每个单词的字母数和组成π的数字一一对应，竟然写到了前 740 个数字！如此高超的技巧，真

---

1 迈克尔·基思（Michael Keith，1955—），美国数学家、软件工程师和作家。

不愧为潜在文学工场 [1] 的成员。

　但最发人深省的无疑是翁贝托·埃科 [2] 的散文。埃科思索着 π 的神秘本质，写下了："一根长线从诗班席上方的拱顶垂下，线的下端系着一个圆球。圆球庄严地来回等时摆动，描绘出宽阔的摆幅。"这是《傅科摆》的开篇。他接着写道："我知道——但无论是谁都会在那静穆气息的魅力中觉察出来——线长的平方根与圆周率之积决定了周期。冥冥之中，在世人看来不合逻辑的圆周率使所有圆的周长同它们的直径有了必然的联系。如此一来，圆球从一端摆动至另一端的时间，就是最不受时间影响的一些尺度经过秘密协作而产生的结果。这些尺度就是悬挂点的单一性、抽象维度的二重性、圆周率的三元性、根号神秘的四边性和圆的完美。"

1　OULIPO，为 "Ouvroir de litterature potentielle" 的简称，意为"潜在文学的创作实验工场"。该组织创立于 1960 年，由法国人雷蒙·格诺、弗朗索瓦·勒利奥奈等人发起，参加者有十几个作家和数学家。其宗旨是通过探讨存在于作品中的再创造的潜在可能性，并通过尝试新的文本结构来激发创造力。

2　翁贝托·埃科（Umberto Eco, 1932—2016），意大利小说家、文学评论者、哲学家、符号学家和大学教授。

Istanti fatali

Quando i numeri hanno spiegato il mondo

尖叫的数学：令人惊叹的数学之美

五百年前，

两个顶尖的数学家之间一个关于

秘密与背叛、挑战与决斗的故事，

在那个宿命时刻，

不可能存在的数字诞生了，

它仅活在想象之中。

在解决某类复杂方程的时候，

这些数字出现了，

它们原来是大自然运作的工具。

现在，你们听好，故事即将开始。

第五章

虚数

一个关于秘密与背叛的故事 >>

20 世纪 60 年代，在量子力学的领域里流传着这样一句话：近些年来，物理学上"最重大的发现"是复数。那个时代的见证人之一尤里·马宁[1]就是这样认为的，他也是最早提出量子计算机想法的人之一。你们或许会问：复数怎么了？有什么重要的？如果你们以为复数的"复"是复杂的意思，而复数只是比你们常用的那些数字复杂一些，那你们的不以为意就可以理解了。马宁曾谈论过一些设想，而这些想法后来成为一个重要的物理理论的基础，他在那时讲述了这个故事。他认为物理学上的一些重要的东西具有某种数学形式，而在过去，这种数学形式与现实没有关联，当人们意识到这一点的时候，那个"疯狂"的想法就会实现。

---

1 尤里·马宁（Yuri Ivanovitch Manin，1937—），俄罗斯数学家，从事代数几何和丢番图几何的研究，还开展了数理逻辑、理论物理学等领域的阐释性工作。

　　一个关于数字的事件，你们尽可以想象这类数字有多复杂，它被列为物理学上的一个发现，甚至是"最重大的发现"，听到这里，你们或许会很惊讶。可如果你们发现那些数字在数学家们的计算中已经出现了几个世纪，甚至被数学家称作"虚构的数"以强调它们距离'真实'十分遥远，你们肯定会更加意外。这一切都发生在遥远过去的一个宿命时刻，在一个故事的高潮时刻。那个故事关乎秘密与背叛、挑战与决斗，称得上是一个关于骗子无赖的精彩故事。"在这个故事里，我们能看到几个聪明人在暗中角力：16 世纪，意大利平原上的思想完成了一场最错综复杂、最艰难的探索。"莱奥纳多·西尼斯加利在 1935 年的一部笔记中如此记录。

　　如今的数学家们参加会议、在大学授课、进出计算中心，而在这场错综复杂的探索里，主人公们的形象却与他们相去甚远，全然不同。其中之一是一个有名的布雷西亚人，他有一个外号叫"塔尔塔利亚[1]"（在意大利语中为'口吃'的意思），其中意味不言而喻。对于自己的绰号，他感到很自豪，甚至在文章上签字时，会把它写在自己的本名"尼科洛"旁边，以永久纪念那个导致他变成结巴的戏剧性事件。他的父亲叫米凯莱托，绰号"马夫"。之

1　塔尔塔利亚（Tartaglia，约 1499—1557），原名尼科洛·丰坦纳（Niccolò Fontana），意大利数学家，工程师。

所以被叫作"马夫"，是因为他父亲有一匹马，总是骑马给布雷西亚和城里以及附近的村镇送信。6岁那年，他父亲去世。塔尔塔利亚说，1512年2月，当时他12岁，布雷西亚遭到了劫掠，他和母亲、弟兄躲进了一个教堂。法国大兵闯了进来，他们挥着刀剑，滥杀无辜。塔尔塔利亚的头部挨了五刀，伤口触目惊心，其中一刀直接从他的嘴唇砍到颌骨。他奇迹般地幸存下来，短短数月就康复了，而脸损毁严重，他说，"如果不是胡子遮住了它，我看起来就像一个怪物"。"因为那道刀伤划穿了口齿"，他变得口吃，和他交往的同龄人就"给我起了个外号'塔尔塔利亚'"。

五六岁的时候，他就上学，开始学习阅读，过了几个星期，在母亲向老师交纳了高额的学费之后，他又开始学习书写。塔尔塔利亚说，从那以后，"我就再也没上学了，也没有请过家庭教师"。塔尔塔利亚在他独具特色的文字中说自己的学识教育靠自学完成，"凭借穷人身上'发愤图强'的精神，此外，我始终孜孜不倦地研读前人的著作"。后来的他依旧发挥着这种"发愤图强"的精神，以摆脱贫困。

16世纪初的威尼斯是一个靠教授数学谋生的好地方。那里交通发达，商业繁荣，四通八达的水道能将载满货物的船只送到各个地方。在兵工厂里，工人们热火朝天地装备着远航的商船。塔尔塔利亚凭借自身的才智，做了兵工厂里木匠们的顾问，向遍布威尼斯的炮兵和数学家贩卖自己发明的炮弹，还在圣若望及保禄

教堂做讲师，公开讲授欧几里得的《几何原本》。据塔尔塔利亚
讲述，1537 年 8 月 13 日，当他在讲解《几何原本》第十三卷命
题 13（看到数字 13 反复出现，心中就算不生疑，多少也会有点好
奇），即球内接角锥的性质时，一位在场者打断了他，并抛出了一
个问题，坚信这个问题会令他"茫然不知所措"。几年前的一个二
月也发生了同样的一幕。一个名叫菲奥尔[1]的人，"没有什么才能，
只是握有好的解法"，公开向塔尔塔利亚发起挑战——每人解出 30
道题，并在 30 天内向公证人提交答案。

　　"用代数运算"，塔尔塔利亚立马发现所有的问题都归于一元
三次方程的解法，用当时的话说，就是"capitolo cubi e cose uguale
numero[2]"。你们会问然后呢？我们先来弄明白这个 capitolo 指的是
什么。学校老师告诉我们，方程中 x 表示未知数，指数表示乘方，
例如 x^2 和 x^3 分别表示未知数的二次方和三次方。在中世纪的意大利
城市里，算术老师在学校里教授的是由阿拉伯人传入西方的新科学。
在他们的课堂上，未知数被叫作"la cosa"，三次方就叫作"cubi"。
用我们比较熟悉的数学符号来表达，这个"capitolo cubi e cose

---

1 菲奥尔（Antonio Maria del Fiore，约 1535），意大利数学家，是希皮奥
内·德尔·费罗的学生。

2 在意大利语中，uguale 意为"相等，等同"，numero 意为"数字"。

uguale numero"就可以写成方程式 $x^3+px=q$，p 和 q 为正整数。

由于缺少合适的数学符号体系，那个时代的数学家仍运用几何来解题，他们认为解决一个一元二次方程相当于"将一个正方形填补完整"。这是什么意思？花拉子米曾经讲解过一元二次方程的解法，几百年后，司汤达[1]在自传体小说《亨利·勃吕拉传》中讲述另一个自我的时候也提到了一元二次方程。《亨利·勃吕拉传》写于1835年至1836年间，但作者生前并未发行，而是直到1890年才出版。青年亨利对数学兴趣浓厚（和青年时期的司汤达一样），学校里的老师却让他很是失望，"一个徒有虚名的老师，讲解题目的时候，就像在告诉我们怎么一步一步酿醋"。他是一个腼腆的少年，也是出了名的雅各宾党人，在数学上比老师懂得还多，经常向老师提问，寻求解答。"您说：'同学们，我们从哪里开始讲呢？那就要看看你们学到哪儿了。'我们学了一元二次方程。明智的您为我们讲解了方程式，例如 $a+b$ 的二次方 $a^2+2ab+b^2$，先假设方程式的左端是正方形的初始，将这个正方形填补完整等等。"让我们补全司汤达的话，听听他究竟在说什么。你们把自己想象成青年亨利，接着，你们需要解开方程 $x^2+10x=39$。花拉子米在介绍

---

1 司汤达（Stendhal，1783—1842），法国作家，被认为是最重要和最早的现实主义的实践者之一。其最有名的作品是《红与黑》和《帕尔马修道院》。

156

二次方程解法时使用的例题正是这个方程式。

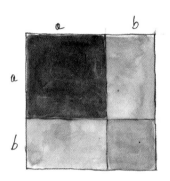

黑色的正方形表示 x^2，$b=5$。设等式的左端，即 x^2+10x 为"正方形的初始状态"。这是司汤达的说法，用几何术语说就是黑色正方形加两个灰色长方形的面积之和。所给方程告诉我们，这个面积之和等于 39。为了填补最大的正方形，你们添上了一个深灰色的正方形，其面积为 25，可得大正方形的面积为 39+25=64。因此，大正方形的边长为 8，未知数 $x=8-5=3$。以此类推，如果要解开一个类似于 $x^3+px=q$ 的一元三次方程，就意味着要补全一个棱长为 x 的立方体，p 是一个正方形的边长，q 是一个立方体的棱长。但是谈何容易。

现在，我们知道让塔尔塔利亚感到束手无策的难点是什么了。塔尔塔利亚困惑不已，因为他清楚地记得，卢卡修士曾在其著作中断言这类等式用一般的法则不可能解开。谁是卢卡修士？我们已经见过他了，他就是卢卡·帕乔利，是一位数学家，此外，他还是一位修士。他的著作《算术、几何、比与比例集成》（1494 年）被看作那个时代的数学"圣经"。塔尔塔利亚心想："你想知道那个叫菲奥尔的家伙给我出了什么无法解开的难题吗？"在阿拉伯语，即迦勒底语中，方程理论也被叫作 Algebra 或者 almucabala。当谈到方程解法时，《算术、几何、比例比与比例集成》的总论里明明白白地写着："在当时的数学里，求解三次方程，犹如化圆为方问题一样，是根本不可能的。"总而言之，帕乔利断定"至今还没有"找到一个一般法则可以解开一元三次方程，正如人们还不知道如何化圆为方。更别说"补全立方体"了！这些一元三次方程就像代数上的直布罗陀海峡，标划出了至今还无人敢涉足的领域。

发出挑战的菲奥尔老师还打起了心理战。为了给塔尔塔利亚增加难度（"为了让他害怕"），他吹嘘自己已经知道了三次方程的解法，逢人便说"早在 30 年前，一位杰出的数学家就把这个秘密告诉了我"。然而，这些吹嘘夸口并没有起到他所期望的效果。塔尔塔利亚并没有放弃，"我怀疑这些话的真实性，"他说，"也为了保全我的职业生涯，我每天都待在书房里，钻研可以解开这类方程的方法……我找到了。"那时距离截止日期只剩 8 天。几年后，塔尔塔利亚在回忆这件事时，说："我找到了。"当时一元三次方程的解法被归为费罗 [1] 的发现，塔尔塔利亚想要夺回自己的数学成果却以失败告终。费罗是博洛尼亚大学的教授，被誉为数学上"难得一见的人才"。菲奥尔口中那位"杰出的数学家"指的就是他。

费罗曾把自己的发现告诉了一些朋友和学生，据说也传授给了菲奥尔，而蓬佩奥·博洛涅蒂的的确确是从费罗口中知晓的。蓬佩奥·博洛涅蒂也是博洛尼亚大学的教授。16 世纪中叶，他在一篇手稿中坦白，他所知的"新"代数方程的解法是"博洛尼亚人希皮奥内·德尔·费罗阁下"传授的。古典数学上的直布罗陀

---

1 希皮奥内·德尔·费罗（Scipione del Ferro，1465—1526），意大利数学家，曾任博洛尼亚大学代数学和几何学教授，他第一个发现了一元三次方程的解法。

海峡就这样被跨越了，正如几年前哥伦布率领着他的船队，跨越地中海，开启了大西洋的探险之旅。至关重要的第一步已经迈出，虚数诞生的宿命时刻临近了。

把方程式变成诗 >>

　　布雷西亚数学家的胜出令人们惊异不已，轰动一时。这个消息也传到了卡尔达诺的耳朵里。卡尔达诺在米兰讲授欧几里得的《几何原本》，是文艺复兴时期最擅长玩弄阴谋、最具争议的人物之一。他是帕维亚一位法学教授之子，是个百科全书式的学者，对神秘学和数学颇感兴趣，在米兰专科学校教书，其性格特质与众不同。在《我的生平》里，他讲述自己的生活充满了非同一般的际遇，故事之离奇令人半信半疑。

　　他出生时的经历就已经是一件令人匪夷所思的事了。他"从母亲的腹中脱离时像个死婴"，"被浸泡在一缸热红酒里"之后获得了重生，而这种方式"同时也可能致死"。他善击剑，青年时期，学习之余开始沉迷棋类和骰子游戏，欲罢不能，尽管"运气极差，甚至不得不抵押典当我妻子的珠宝首饰和家具"。暮年之时，他后悔自己"曾如此挥霍我的名声、时间和金钱"，然而他还是吹嘘自已在棋类游戏中发现了"确确实实超出人类能力的难题"，在赌博方面说明了"什么是运气，以及如何解释这种运气"，揭示了"一些奇异现象背后的原因"。卡尔达诺在世期间，成了享誉欧洲的数学家和医生。他在米兰教授数学，在博洛尼亚教授医学，也会解梦和占卜（包括给大主教占卜），与王公贵族交好，言行颇为异端，可与此同时又接受主教和教皇的庇护，研究仙术，也爱发明一些结构复杂、巧夺天工的器械，比如以他的名字命名的卡尔达诺万向接头。

　　和他父亲一样，卡尔达诺也在米兰专科学校教授数学。一位叫祖安内·达科伊的先生向他发起了关于解开一元三次方程的挑战。祖安内·达科伊曾向塔尔塔利亚发起过同样的挑战，结果以失败告终。于是，卡尔达诺经一位书商祖阿安东尼奥·达巴萨诺向塔尔塔利亚求教。达巴萨诺在一封 1539 年 1 月 2 日的信中介绍卡尔达诺为"卓越的数学家，如今，他正准备出版一部作品，关于算术和几何的实践"。卡尔达诺试图说服塔尔塔利亚给他看看菲奥尔出的题，并解释如何在"两个小时内"化解这些难题，他希望能将解法写进那本书里出版，同时注明这个解法是塔尔塔利亚的发明。不出所料，塔尔塔利亚拒绝了（"如果我想公布我的发明，我会在自己的作品里公布"）。因此，2 月 12 日，不满的卡尔达诺抱着再试一次的态度又给塔尔塔利亚写了一封信（"您以为您在跟谁说话，和您的学生吗？"），塔尔塔利亚傲慢地回复说："我说过了，我以发明新事物为乐，也喜欢研究和谈论其他人没接触过的事物。"比如他发明的那些有助于大炮瞄准和射击的工具。而不是像某些人，"剽窃这位或是那位作者的东西，添进自己的书里"。

最后，塔尔塔利亚指责卡尔达诺给他设圈套（"想耍诡计"），还装作自己知道一元三次方程的解法。塔尔塔利亚不相信，让卡尔达诺写下解法（"我敢赌一赔十"）。然而，面对卡尔达诺的迫切请求，一再回绝的塔尔塔利亚最终还是妥协了，卡尔达诺还承诺引荐他认识米兰公国的西班牙总督——阿瓦洛斯侯爵。如此一来，3月23日，塔尔塔利亚来到了卡尔达诺的家中。卡尔达诺向"上帝"起誓，"自己作为一个道德高尚的人"，绝不泄露塔尔塔利亚的发明，甚至"将解法写成暗语"，也就是用一种编码过的语言，以防"在我死后，有人会看懂"。"威胁解除以后"，塔尔塔利亚给了卡尔达诺一首不太标准的三行诗，其中暗含了一条公式，"这是开启道路的钥匙，一旦打开，你就能研究其他所有方程"。（"我把这个方程式的解法写成了一首诗"，是一首连他本人都认为"不是很标准的三行诗"）：

当一个未知数的三次方【$x^3 + px$】

等于某个确切的数【$= q$】

就能在其中找到另外两个不同的数【$u-v=q$】

塔尔塔利亚开始讲解"一元三次方程"，接着把"三次方单独放一边"，即 $x^3+px=q$，最终得到 $-x^3+q=px$。

卡尔达诺最后得出了一条公式 $x=\sqrt[3]{\dfrac{q}{2}+\sqrt{\dfrac{q^2}{4}+\dfrac{p^3}{27}}}-\sqrt[3]{-\dfrac{q}{2}+\sqrt{\dfrac{q^2}{4}+\dfrac{p^3}{27}}}$。至于如何运用这条公式，他请求塔尔塔利亚能看看"您对我的情意以及我们之间的友谊，我希望这份友谊至死不渝"，告诉他方程 $x^3+3x=10$ 的解法。短短几天，塔尔塔利亚就把答案告诉了他，还在结尾警告他"记得遵守诺言"。面对卡尔达诺不断提出新的问题要他解答，塔尔塔利亚心中生疑，便不再回应卡尔达诺后来的请求。1539 年 8 月 4 日，卡尔达诺还询问塔尔塔利亚 $x^3=9x+10$ 的解法，抱怨塔尔塔利亚不回复他的信。

在寻找解法的过程中，卡尔达诺发现"一次项系数的三分之一的立方超过常数项二分之一的平方"。应用这条公式，意味着要计算一个"虚假"数字的平方根，即一个类似于 $\sqrt{-2}$ 的"诡辩式的"数字。怎么办呢？这一次，塔尔塔利亚做出了答复，可是就连他也无法给出清楚的解释，表面却装成一个厌烦了不停给人解答的老师（"您没有走对路"），而这个人犯的错误，用他的话说，是连"一个开始学习代数的学生掌握的基础法则"都不懂的人才会犯的错。

　　1540 年 1 月 5 日，卡尔达诺又给塔尔塔利亚写了一封信，告诉他"那个叫祖安内·达科伊的家伙又回来了"。达科伊吹嘘自己掌握了（"您的方程"）秘密公式，并给卡尔达诺出了难题，还说如果卡尔达诺愿意让他看看算法，他就把解法告诉卡尔达诺。塔尔塔利亚在回信中称"他比我想得更加卑鄙"，一个"废话连篇"的人。两个自以为是的人就这样在谩骂声中结束了对话。

　　几年过后，卡尔达诺在途经博洛尼亚时得知，他本以为只有塔尔塔利亚发现了求解一元三次方程的公式，可原来三十年前费罗就发现了。那和塔尔塔利亚的约定还作数吗？还是可以不必保守秘密了？卡尔达诺似乎并没有被这种进退两难的窘境所困扰，而他的化解方式就是在 1545 年出版了《大术》（全称为《关于代数法则的伟大技艺：卷一》）这本书。

　　"这本书耗时五年写成，但我相信它可以流传数千年。"有先见的卡尔达诺在书的末尾留下了这样的预言。这本书标志着一个全新时代的诞生。《大术》出版地在纽伦堡，题献给了安德烈亚斯·奥西安德[1]，作者在开头骄傲地写道："我相信，对看这本书的

1　安德烈亚斯·奥西安德（Andreas Osiander，1498—1552），文艺复兴时期欧洲新教改革家。

人来说，书中没有什么难以理解的东西。"获知一元三次方程的求解公式让卡尔达诺热血沸腾，他把这个发现归为费罗的成果，尽管他承认"我的朋友"塔尔塔利亚也发现了这个解法，并在他"三番五次的请求"之后告诉了他。

在讲到求解的核心问题之前，卡尔达诺解释了一个数的（奇数次和偶数次）乘方和符号的运算法则。正数是"真实的数"，负数，也就是无法用自然的几何图形来表示的数，是"虚假的数"或者叫"伪造的数"（他使用商人的语言，说"我们把这样的数叫

作欠或负"）。在未出版的手稿《算术的伟大技艺》中，他说 $\sqrt{9}$ 等于 $+3$ 和 -3，因为"正数相乘或负数相乘，结果都是正数。因此 $\sqrt{-9}$ 既不是 $+3$ 也不是 -3，而是第三个难以解释的数字"。

我们正处于宿命时刻来临的前夕。随着"第三个难以解释的数字"的出现，虚数即将进入我们的视野。卡尔达诺隐约看见了这"第三个难以解释的数字"，可疑惑不决、惊慌失措的他退缩了。把一条长为 10 的线段分成两部分，使它们的乘积为 40，这个问题该怎么解决呢？"这个问题明显是无法解决的。"他说。尽管如此，他还是注意到，将线段平分，再"通过代数运算"可以得到 $5+\sqrt{-15}$ 和 $5-\sqrt{-15}$。它们的和为 10，乘积为 $25-\left(\sqrt{-15}\right)^2=25+15=40$。它们虽然解决了问题，但是无法用线段表示出来。总而言之，卡尔达诺认为这是个"诡辩式的"问题，找到的解答"既钻牛角尖，又毫无用处"。"不可约的情况"同样自相矛盾、令人困惑不安，比如卡尔达诺曾经问过塔尔塔利亚却没得到答复的方程 $x^3=9x+1$，该等式出现的就是不可约的情况：令人困惑的地方在于运用求解公式会得到"诡辩式"的数字，无视这一点的话，这条方程总共有三个根，且每一个都真实存在。虽然这个问题在《大术》中没有得到解答，但很快它就会拥有一个令人们惊讶不已的答案。

尽管卡尔达诺所说的确是事实，但是《大术》的出版还是令塔尔塔利亚勃然大怒。在《各式各样的问题与发明》的最后一卷（1546 年）中，塔尔塔利亚从他的视角讲述了这个故事，还附上了他和"杰出的卡尔达诺阁下"往来的信件，其中夹杂着一些斥责和谩骂。卡尔达诺的学生费拉里[1]为了维护老师，挺身而出，向塔尔塔利亚公开发出了一封"数学挑战信"，还呼吁意大利各个城市里"喜爱数学、懂数学"的人都来现场观看比赛。塔尔塔利亚回了一封信，想鼓动他真正的对手参与比赛，"好一击给他们两人洗洗脑袋[2]，意大利还没有哪个理发师可以做到这个"。

挑战信中，除了写着要解开的问题，通篇都是这种语气。费拉里和塔尔塔利亚之间往来的六封信和同样份数的答案引发了一场比赛，而卡尔达诺完全置身事外，只是对这个事件做了个简短的评述：塔尔塔利亚"想在比赛中获胜，以证明他更胜一筹，而不是和一个亏欠他的人做朋友，即便他也没有这个发明的所有权"。一年半后挑战终止了。那是 1548 年 8 月 10 日，在米兰的方济各会教堂——花园圣玛丽亚教堂，一场公开的比赛不欢而散。两人在一个几何问题上论战了整整一个下午，第二天塔尔塔利亚抱怨在场观众对他存有公开敌意，因此弃赛离去。

---

1 洛多维科·费拉里（Lodovico Ferrari，1522—1565），意大利代数学家。
2 洗洗脑袋：四川方言，意为严厉斥责。

负数的平方根 >>

费拉里和塔尔塔利亚的数学竞赛结束二十多年后，拉斐尔·邦贝利[1]在《代数学》(1572年)中称自己找到了"一种立方根，和其他立方根大不相同"。这位"博洛尼亚人"的生平经历不详。从他的语言中仍能看到欧几里得《几何原本》第十卷对他产生的影响。他敲响了宿命般的一刻，为科学带来了大量非凡的成果。

---

1 拉斐尔·邦贝利(Rafael Bombelli, 1526—1572)，文艺复兴时期欧洲著名的工程师，同时也是一名卓越的代数学家。

那一刻，负数的平方根登场了，就比如求解方程 $x^3=15x+4$ 得到的根，虚数乍然进入了数学的世界。运用卡尔达诺的法则，邦贝利得到了 $x=\sqrt[3]{2+\sqrt{-121}}+\sqrt[3]{2-\sqrt{-121}}$。当遇到"诡辩的数"$\sqrt{-2}$，"虚假的数"即 -2 的平方根时，卡尔达诺向塔尔塔利亚求助无果后就止步了。邦贝利说，跟卡尔达诺一样，这种平方根"在很多人眼里，与其说真实，倒不如说是诡辩式的"。他最初也抱有同样的想法，也犹豫了很久，直到他找到了"一种说得通的论证方式"，从几何学上说，就是一种能进行合理运算的论证。这是一种"不可避免的"运算，因为和那些可以求出普通且真实的立方根的可解方程相比，"得出这种根的方程更多"。总之，求解一元三次方程时，"不可约的情况"绝不是个例。

邦贝利解释说，这种新的"方根"，其运算法则和名字与其他方根不同。他给 $\sqrt{-1}$ 取的名字很特别："既不能叫负数，也不能叫正数，所以，当它要相加时，我把它叫作负正数，当它要相减时，就叫它负负数。"1777 年，欧拉引入了一个沿用至今的符号，他说："接下来，我会用字母 i 表示 $\sqrt{-1}$，这样的话，$i\times i=-1$ 且 $1\div i=-i$。"在此之前，邦贝利也阐述了他的那些"负正数""负负数"的乘除法运算法则。如今，人们用 $+i$ 和 $-i$ 分别表示"负正数"和"负负数"。继欧拉之后，符号 i 成了虚数单位，满足形式 $a+bi$（a、b 均为实数）的数称为"复数"。那些数字的秘密终于在此刻被揭开。

这就是马宁在半个世纪前谈论的物理学上的发现。

邦贝利使用当时独特的修辞代数语言解释说：在求解一个类似 $x^3=15x+4$ 的方程时，绝不可能只出现一个复数根 $a+b\mathrm{i}$，必定有一个与它互轭的根 $a-b\mathrm{i}$。就这样，经过多次尝试之后，邦贝利得出了 $\sqrt[3]{2+\sqrt{-121}}=2+\mathrm{i}$ 和 $\sqrt[3]{2-\sqrt{-121}}=2-\mathrm{i}$，并下结论 $x=4$（运用欧几里得的除法运算法则，会得出另外两个实数根，$x=-2\pm\sqrt{3}$）。总之，虽然通过求根公式得到了负数的平方根这样不可能存在的数字，但邦贝利最终还是求出了方程的三个根。三个根，这让"许多人都觉得古怪"，而邦贝利通过构造几何合理地论证了它们。至于找到一个能够解决不可约情况的一般法则，"我认为目前是不可能实现的"。邦贝利如此总结道。他说的没错。

"这完全破坏了欧几里得的规则。"卡尔达诺做出了简洁的评述。的确，邦贝利的"负正数"和"负负数"根本无法用线段长度表示，这样一来，用几何阐明方程的解就失去了意义，尤其是求解一元三次方程，从几何的角度说，就是"补全立方体"。此外，欧几里得告诉我们数字可以按大小排列，而那些"世人从未见过"的数字缺乏这个在记数系统里必不可少的特点。弗朗索瓦·韦达[1]

1 弗朗索瓦·韦达（François Viète，1540—1603），16世纪法国最有影响的数学家之一。他的研究工作为近代数学的发展奠定了基础。

是一个研习古希腊数学的天才爱好者，也是一个政治家，曾任英国议员和国王亨利三世的顾问。面对这些无法排列的数字，他急忙宣称虚数，还有负数，应该被数学排除在外。

正如西尼斯加利所说，在数字史中寻找隐藏着的"虚数的起源"时，我们会看到相当有趣的一幕："一开始，人们在怀疑中排斥它，接着又在惊奇中重新认识它，看无法消除的它如何扰乱最敏锐的心灵。"韦达想把虚数从数学中彻底抹除，而笛卡儿在《几何》（1637 年）中说：一个方程的根"不一定总是实数，有时只是虚构出来的数"。在邦贝利命名之后，笛卡儿也给那类数字取了名字，且这个名字沿用至今，即便——笛卡儿补充说——"有时候，根本不存在与那些虚构的数相对应的量"。

两百年来，邦贝利的发明都被迫在数学的边缘地带徘徊，正如莱布尼茨在 1702 年所说，它就像"一种分析的奇迹，虚构世界中的一个怪物，游移在有无之间"。西尼斯加利在《数学灵感》（1950 年）一书中邀请文学评论家詹弗兰科·孔蒂尼[1]深化诗歌的概念，后者认为诗歌的概念就像"一个量子，一股力量，一种可以用一个复数表达出的极度兴奋"。还有一个地方也提到了虚数：

---

1 詹弗兰科·孔蒂尼（Gianfranco Contini, 1912—1990），意大利文学评论家、语史学家。

"'虚数'的出现有助于说明数与力之间的联系，正如'无理数'也解释了数与形之间的关系。"

　　在欧拉的《代数基础》（1770 年）中，仍回荡着邦贝利和笛卡儿的话语：负数的平方根"应该归为一类完全不同于正数和负数的数字"。它们"既不大于零，也不小于零，可我们也不能说它是0"。因此，我们只能认为这类数字"从本质上讲，是不可能存在的"。它们是虚构的数字，因为它们"只存在想象中"。尽管虚数的本质仍模糊不清，但是它"无法消除的存在"让人们发现了它与其他诸多数学领域息息相关。

计算虚数 >>

1811 年，高斯给朋友弗里德里希·贝塞尔[1]写了一封信。在信中，高斯说：实数的范围在几何上可以用一条直线表示，那么同样地，"用一个无限的平面，也可以具体表示出所有的数，包括实数和虚数。这个平面以 a 为横坐标，b 为纵坐标，平面上每一个点都表示数 $a+bi$。"如今的数学家以数学王子（高斯）和让－罗贝尔·阿尔冈[2]的名字为这个平面命名，称之为阿尔冈－高斯平面。阿尔冈是一个喜爱数学的瑞士人，1866 年，他出版了一本没有书名的小册子，阐述了如何用几何方式表示复数。高斯在 1832 年公开发表了他的想法。高斯认为，直到那时候，虚数仍没有得到正确的看待，仍被一片"神秘的黑暗"所笼罩。部分原因也在于它

---

1 弗里德里希·贝塞尔（Friedrich Bessel, 1784—1846），德国天文学家及数学家。

2 让－罗贝尔·阿尔冈（Jean-Robert Argand, 1768—1822），会计师、业余数学家。

的名字。在他看来，如果人们在提到 +1、−1 和 $\sqrt{-1}$ 的时候，能叫它们正向单位（direct）、反向单位（inverse）和旁侧单位（lateral units），而不是叫正数单位、负数单位和虚数单位（甚至叫不可能存在的单位），那么一切都会清晰明了。

　　但这不仅仅是一个语言上的问题。十五年过去了，杰出的数学家柯西[1]也提到了这一点。他为巴黎综合理工学校的学生撰写了一本教材——《分析教程》（1821 年）。柯西在书中说：像 $a+b\sqrt{-1}$ 这样的表达式是符号表达式，"按惯例对它进行字面意思上的解读，是不准确的或者说是没有意义的，但是运用这种表达式又能推导出正确的结果"。它们只是平面图上的点或者旁侧单位！人们一直在执着地寻找能够表示符号 $\sqrt{-1}$ 的东西，这种"必须找到"的念头使人殚精竭虑，而柯西的观点正好消除了这个"必要性"。

　　那个在柯西眼里令人绞尽脑汁的符号，数十年后也同样折磨着穆西尔[2]笔下的小说主人公——青年特尔莱斯[3]。在一节数学课后，特尔莱斯问朋友本伯格是否理解了关于虚数的事情。"没什么难的，"本伯格回答说，"只要记住计算单位是 $\sqrt{-1}$ 就行了。""可问题

1 奥古斯丁·路易·柯西（Augustin Louis Cauchy, 1789—1857），法国数学家。
2 罗伯特·穆齐尔（Robert Musil, 1880—1942），奥地利作家。
3 出自《学生特尔莱斯的困惑》（1906 年）。——编者注

175

就在这里，"特尔莱斯反驳说，"因为$\sqrt{-1}$不存在啊。"的确，每个数字，无论正数还是负数，只要升平方之后，得到的值都是正数。在这点上你们一定和特尔莱斯意见一致。他朋友的回答是："说的对极了。可是为什么不能同样给一个负数开平方呢？出来的结果自然不是实数，事实上我们也是把它定义为虚数。就好像我们说，这个位置平常都有人坐，所以我们今天也给他摆上一张椅子；即便与此同时他死去了，我们还是假装他正在来的路上。"特尔莱斯又反驳说："但如果在数学上已经百分之百确定不可能给一个负数开平方，那该怎么办呢？""我们就假装它可以，照样给它开方。"本伯格回答说，"它总会得出一个结果。追根究底，无理数的计算不也是这样吗？尽管你一直在计算，却永远除不尽，得不出一个分数，也不会有结果。两条平行线在无限延长的过程中相交，你想给这样的事实赋予什么意义呢？我觉得，如果人太钻牛角尖的话，这世上就连数学都不存在了。"

不知道你们怎么想，反正这番话没有说服特尔莱斯，尽管他不得不承认"令人惊讶的是，这些虚数或者说不可能存在的数可以进行运算，最后得出一个具体的结果"。因此，特尔莱斯转而向老师求助。老师立马"承认这些虚数的值确实不存在。哈哈，对一个年轻的学生来说，这个问题可是块难啃的骨头"。所以，如果你们也想不通这个问题，不要难过，你们不是一个人。你们想想，一个在享有盛誉的维也纳学院就读的青年学生也同样百思不得其解。

　　可老师接下来是这样向特尔莱斯解释的（他以"您"称呼这位青年学生）："这些数学概念仅仅只是纯粹的数学思想的必需品，您应该接受这个观念。"呵，这样说可不是什么了不起的解释！老师接着劝告他："您想一想，您仍处在教学的初级阶段。关于您必须学习的诸多内容，很难给出一个正确解释。大部分的学生都没有察觉这一点，真是一件幸事。"他竟然还说了这样的话！那要是有人察觉了呢？如果有这种可能，老师说他也会很高兴，可"我只能说：亲爱的朋友，你只要单纯地相信它。等未来某一天，你懂的数学知识有现在的十倍多，那时你就会懂了。但是现在，你只要相信它！"。总之，像数学这样卓越的理性科学，其定理竟沦为了教条！"你只要单纯地相信它！"

　　当你们在学校里学习数学时遇到困难，有多少次听到这样的话呢？举个简单的例子，"负负得正"，没有人能够给司汤达/亨利・勃吕拉一个清楚的解释。老师是这样向他介绍"负负得正"的——"它是代数这门学科最重要的基础法则之一"，特别像在介绍一种"醋的酿法"，以使他最终相信"负负得正""必须是正确的，因为我们在运算中应用这个法则得出的结果都是'正确而无可非议'的"。那本伯格提到两条平行线在无限延长的过程中相交，又怎么说呢？当亨利・勃吕拉在一本书上读到这条定理时，

"感觉自己在读一本教理问答手册，还是最陈旧的那本"。和特尔莱斯一样，他也"徒劳地向夏倍老师寻求解释"。夏倍老师是这样回答亨利的："孩子，"他以父亲的口吻说，"孩子，你以后会懂的。""别无他法"，可避而不谈是没有用的。要相信虚数，如同坚信一条教理。"因为，"老师对特尔莱斯说，"数学是一个独立的世界，你必须在这个世界生活很长时间，才能感受到其中所必需的一切。"

事实上，那个"独立的世界"并非全然独立，因为它帮助我们认识了各种物理现象和身边的自然世界，也让我们理解了一些看似不真实存在的事物，比如一位博洛尼亚数学家在四百多年前的一个宿命时刻发明的虚数。发明的？确定吗？约十年前，普林斯顿的物理学家弗里曼·戴森[1]在一场爱因斯坦的讲座上说：数学家们"一直把复数看成数学家发明出来的人造物，仿佛它是从现实生活中抽离出的一个有用且精致的抽象概念"。他们从未想过，实际上，原子就是在这个由他们发明出来的人造记数系统上运行的。他们没有想到，大自然竟然先我们一步与虚数有了交集。戴森的话是真的吗？薛定谔[2]曾经从光波理论模型出发，写出了一个描述粒子运动的方程。戴森认为，这个方程没有用处，也毫无意义，直到薛定谔在方程里加上了$\sqrt{-1}$。突然之间，方程拥有了意义，薛定谔发现方程的解对应玻尔模型的量子化轨道。戴森总结说：总而言之，"那个$\sqrt{-1}$意味着参与自然界运转的不是实数，而是复数"。这让薛定谔，还有其他许多人，都惊诧万分。

20世纪60年代初，马宁谈到了在量子物理学家之间广为流传的一句话，你们还记得他说了什么吗？在那个时代，尤金·维格纳[3]的一篇文章也时常被提及。维格纳是1963年的诺贝尔物理学

---

1 弗里曼·戴森（Freeman John Dyson, 1923—2020），美籍英裔数学物理学家，普林斯顿高等研究院教授。

2 薛定谔（Erwin Rudolf Josef Alexander Schrödinger, 1887—1961），奥地利理论物理学家，量子力学奠基人之一。

3 尤金·维格纳（Eugene Paul Wigner, 1902—1995），匈牙利－美国理论物理学家及数学家，奠定了量子力学对称性的理论基础，在原子核结构的研究上有重要贡献。

奖获得者，他的这篇文章标题很有挑战性：《数学在自然科学中不合理的有效性》。维格纳宣称这种有效性是"不合理的"，可说到理由，时至今日仍是学界争议不休的话题。维格纳认为，数学在自然科学中所起的巨大作用，"是某种几近神秘的东西，找不出合理的解释"。总之，数学是一个十足的奇迹，要展现这点，复数就是一个特别恰当的例子。

假如说"在我们的日常生活中，没有什么地方需要导入这些数学量"，数学家却能罗列出很多优美的定理，尤其是我们之前见过的诞生了那些数字的方程。简言之，那些生活在遥远的 16 世纪的天才数学家们所取得的卓越成就，维格纳"并不打算放弃"，可"对不信奉数学的人而言"，复数"既不自然也不简洁，且也无法从物理观察中找到暗示"。如果你们意外发现自己就是"不信奉数学的人"，不要生气。维格纳也不是信徒，可他还是使用了宗教用词，像写宗教文章一样，谈到了奇迹和奥秘、信众和不信者。无论你们是否认同数学是一个奇迹，复数的运用都不是"一种计算技巧"，反而"是表述量子力学形式系统的必须要件"，维格纳总结说。他还预言说，复数函数"注定会在量子论的表述中扮演决定性的角色"。一切确实如他所预言的那样发生了。

Istanti fatali

Quando i numeri hanno spiegato il mondo

尖叫的数学：令人惊叹的数学之美

准备好，
你们要离开熟悉的三维世界，
抛开你们深信不疑的欧氏几何，
进入非欧几何的世界，
进入由数学家们为变革现代物理学
而创造的多维度空间。

Chapter 06

第六章
非欧几何的世界

不止于三维 >>

　　1919 年 11 月 7 日，伦敦《泰晤士报》中有一篇报道，其标题为"科学的革命，宇宙新理论，牛顿的思想被彻底推翻"。到底发生了什么具有重大变革性的事？同年 5 月，天文学家亚瑟·爱丁顿[1]和弗兰克·戴森[2]分别前往几内亚的一个海岛和巴西，观测了日全食现象，11 月 6 日，在一场注定会被历史铭记的皇家学会会议上，他们交流了观测结果，而观测结果证实了广义相对论的预言：太阳的质量使光线在空中发生了偏折。全世界的新闻媒体接二连三地转发这则新闻，爱因斯坦一夜成名。"世界历史上的一个新伟人！"某个柏林报刊在爱因斯坦的照片下配上了这样的文字。

---

1 亚瑟·爱丁顿（Sir Arthur Stanley Eddington，1882—1944），英国天体物理学家、数学家。

2 弗兰克·戴森（Frank Watson Dyson，1868—1938），英国天文学家。他为证明爱因斯坦的广义相对论起了重要的作用。

《泰晤士报》援引皇家学会主席的话，写道：1846 年海王星的发现强有力地证实了牛顿定律和欧氏几何的正确性，而广义相对论是继发现海王星之后最重大的事件。

如今，"关于宇宙这个大工厂的科学观点应该做出改变了"，以和"人类思想最重要的表述，或者说最重要的表述之一"——相对论达成一致。爱丁顿认为相对论是"展现数学推理力量最好的例证之一"。一个天才数学家在 19 世纪中期的一个宿命时刻预测的空间观，引发了一场激动人心的变革的高潮，在两千年后，先于牛顿推翻了唯一的欧氏几何理论，解放了几何学家，打开了他们创造性的想象。

这个"宇宙工厂"不再遵循欧氏几何理论了？空间几何也不再是欧几里得给我们解释的那个空间几何吗？光线的轨迹也不是直线的？怎么可能呢？如果你们感到难以置信，这是很正常的，因为你们的生活经验告诉你们的恰恰是空间遵循欧几里得定理、光线沿着直线传播。但什么是空间呢？等会儿我们听听康德是如何定义它的。在尝试定义空间之前，你们要知道，连欧几里得都没有做过这件事。欧几里得在《几何原本》中研究了立体的特性，但是并没有给出空间的定义。他只是说立体是"一个有宽度、长度和深度的东西"，也就是说它有三个维度。最初几条定理讲的是相交于一条直线的几个平面，或者平面上的一条垂线，等等，从这些定理中，我们可以凭直觉领悟出空间指的是什么。那什么是直线呢？这提的什么问题呀！直线是什么，我们所有人都以为自己在学校里已经学过了。这没错。

那你们自己试着去定义它吧。某个直的（或者说，不是弯的）东西，如果你们给出的定义跟这个差不多，那就不必说了。你们也许会为自己辩解，说自己不是数学家。那你们能够聊以自慰的就是，这个难题也同样困扰了数学家们几百年。数学中经常出现的一种情况就是，那些看似最明显和熟悉的概念，反而最难给出严谨的定义。杰出的百科全书式学者和数学家达朗贝尔写了一句很有名的话。他在1795年写道："直线的定义和特性，如同平行线的定义和特性，这么说吧，是几何原理中的障碍和家丑。"至于吗！当然了，因为整个欧氏几何都建立在这些定义和特性上。难怪在达朗贝尔眼里，给直线和平行线下定义的事成了一件丑闻。

达朗贝尔补充说，直线的普通定义就是两点之间最短的线。如果你们想一想，或许会赞同他给出的定义。这位法国学者接着说，可这个定义看起来更像是直线的特性而不是原始概念。你怎么知道它是最短的那条呢？谁说从一点到另一点只有一条最短的路径呢？我们之所以赞同这个直线的概念，只是因为它隐含了这个事实。如果我们无法对直线下一个令人满意的定义，那我们也不可能给出平行线的定义。达朗贝尔的提示似乎为我们指明了道路，他说：一条直线的平行线是位于直线同一侧且距离直线相等的两个点所连成的线，与该直线位于同一平面。未经论证而设定它是真的，就是设定某样定义之外的东西。又回到了原点，我们仍在讨论距离的概念。达朗贝尔总结说，总之，"平行线理论是几何原理中最不易跨越的难点之一"。

从大约公元前 300 年起，无数几何学家呕心沥血，尝试解决这个难题。欧几里得在《几何原本》中确立了几何准则。在他给出的定义中，"直线是与其重合的每一个点所连成的线"。你们也许会觉得这个定义不是很清晰。他不该遗漏直线是两点间距离最短的线，但只有阿基米德明确设定了这一点。至于平行线，欧几里得认为，它们是位于同一平面，两端无限延长却永不相交的直线。

《几何原本》中的前三条公设（在任意相异两点之间能作且只能作一直线；直线两端可任意延长；给定任意圆心和半径可以作圆）确保了构造基础几何图形的可能性。第四公设为所有直角都彼此相等。而第五公设，即所谓的平行公设，第一眼看上去很是与众不同：同一平面内的两条直线与第三条直线相交，若其中一侧的两个内角之和小于两直角和，则该两直线无限延长后必在这一侧相交。你们在纸上作个图，就会一目了然了。然而，你们可能会认为这条公设根本不是那么显而易见，在概念上比起前四条，无论如何都要复杂得多。达朗贝尔口中"几何的障碍和家丑"，说的就是这条公设。可它至关重要，因为正方形的构建、毕达哥拉斯定理的证明以及由它推演出的其他所有定理，都以这条公设为基础。

公元 5 世纪，普罗克洛在为《几何原本》撰写的《评注》中说，很早之前就有学者认为，通过其他四条公设，可能再加上一条比欧几里得公设更简单易懂的新假设，就能证明第五公设。接下来的数个世纪，众多数学家都向欧几里得公设发起了挑战，可他们绞尽脑汁也无法给出证明。

在他们之中，有人认为平行线的概念直观易懂，有人认为要运用图形的相似性，还有人想用普罗克洛提出的新公理代替第五公设，即"过直线外一点无法作出两条与已知直线平行且不重合的直线"。你们或许在课本里学到了它的等价公理："在平面上，过直线外一点只能作一条直线与已知直线平行"。可你们如果仔细想想，就会发现普莱费尔[1]在 18 世纪末提出的这条公设比欧几里得的平行公设还要复杂。它们俩是对等的，意思就是说从第五公设可以推导出普莱费尔的公设，反之亦然。从波斯数学家欧玛尔·海亚姆[2]和纳西尔丁·图西[3]，到 17 世纪末的约翰·沃利斯，再

---

1 普莱费尔（John Playfair，1748—1819），苏格兰科学家、数学家，爱丁堡大学自然哲学教授。

2 欧玛尔·海亚姆（Omar Khayyam，1048—1122），波斯诗人、天文学家、数学家。

3 纳西尔丁·图西是 13 世纪波斯天文学家、数学家，中世纪著名的百科全书式的学者之一。

到 18 世纪末的阿德里安 – 马里·勒让德 [1]，许多欧氏几何的"改良者"所提出的公理假设都存在这个问题。

还有学者试图使用反证法证明第五公设，比如耶稣会士吉罗拉莫·萨凯里 [2]。反证法是一种论证方式，如果从论题 A 的反论题可以推演出 A，那么论题 A 为真。萨凯里说："这似乎是所有真理的首要特点，从假设真理的反面为真，通过令人惊叹的反驳和推论，最终又回到了真理本身。"萨凯里在《免除所有污点的欧几里得几何》（1733 年）一书中研究了一个带有双直角的等腰四边形，即 $\angle A$ 和 $\angle B$ 为直角，$AD=BC$。

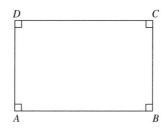

那 $\angle C$ 和 $\angle D$ 怎么样呢？首先一目了然的是它们的大小相等。此时，你们或许会想到三种可能性：$\angle C$ 和 $\angle D$ 都是直角，或者都

---

1 阿德里安 – 马里·勒让德（Adrien-Marie Legendre，1752—1833），法国数学家。他的主要贡献在统计学、数论、抽象代数与数学分析上。

2 吉罗拉莫·萨凯里（Girolamo Saccheri，1667—1733），是一位意大利耶稣会士、经院哲学家和数学家。

是钝角，又或者都是锐角。其中的每一种可能（萨凯里把它们叫作假设），都具有普适性，就是说如果它适用于某一个双直角的等腰四边形，那么它对其他所有双直角的等腰四边形都成立。

关于直角的假设就是欧几里得所说的公设，*ABCD* 是一个长方形，自然满足第五公设。运用反证法，萨凯里证明了"钝角的假设是错误的，因为它会破坏图形本身"。还剩下锐角这个"敌对假设"，只有它还违背欧几里得的公设。为了打败它，萨凯里投入了一场"长久的战役"，写满了一页又一页晦涩难懂的推论，最终得出了结论——那个假设"是完全错误的，因为它与直线性质相矛盾"。你们看见了吗？我们回到了起点：又一次涉及直线的"性质"。这个"性质"是什么呢？那个假设所导出的结论，与人们看到直线时的最初感受相矛盾，萨凯里难道不是在避免承认这点吗？

在这场"战役"中，萨凯里阐明和论证了一堆令人意想不到的新定理，因此有后人称他为非欧几何的"先驱者"。但萨凯里并不是另一个哥伦布。哥伦布本要寻找去往印度的新航线，却发现了新大陆，而萨凯里却坚信自己成功制服了锐角这个"敌对假设"，肯定自己抵达的地方就是"印度"。因此，保尔·瓦雷里[1]对"这个

---

1 保尔·瓦雷里（Paul Valéry，1871—1945），法国作家、诗人，法兰西学术院院士。除了小说（诗歌、戏剧、对话），他还撰写了大量关于艺术、历史、文学、音乐、政治、时事的文章。

萨凯里"所表现的带有讽刺意味的惊讶就显得不太恰当了："萨凯里为未来一种大胆创新的几何学稍稍推开了大门，却不承认"，因为事实上"他就是一个完全的耶稣会士"。可萨凯里在命题上并不是"耶稣会式"的，反而对欧氏几何有一种"托勒密式"的信仰。无论如何，尽管萨凯里十分确信自己的论证，可他并没有为欧氏几何去除任何污点。如果说第五公设是欧几里得空间科学这件衣服上的污渍，那么这块污渍依然存在。然而，用伊姆雷·托特[1]的一个恰当说法来说，应该是这位耶稣会士的努力使"几何学变得不再单纯"。令人反感的使几何变得不再单纯的第五公设被公开阐明并得到全世界的认知，还要等待一个多世纪。

身在哥廷根的克吕格尔[2]认真研读了萨凯里的研究成果。1763年，他还在论文中讨论了萨凯里的研究。那他得出的结论是什么呢？"就目前而言"，面对他这样的"纯粹真理的捍卫者"，我们至少可以说"没有哪个头脑健康的人会否定欧几里得公设"。没错，就目前而言。受克吕格尔的论文启发，朗伯沿着萨凯里的足迹出版了《论平行》（1776 年）。这个朗伯就是那个证明了 π 是无理数的朗伯。数学家用弧度表示角的大小，而数字 π 还表示平角的度

---

1 伊姆雷·托特（Imre Toth，1921—2010），罗马尼亚哲学家和数学史学家。
2 克吕格尔（Georg Simon Klügel，1739—1812），德国数学家、物理学家。

数，即 180°。和萨凯里一样，朗伯也试图证明锐角的假设不成立却终告失败，这次他构想了一个有三个直角的四边形，论证的是第四个角。

在讨论钝角的情况时，朗伯从球面三角学中得到启发，猜测长度的绝对度量的所有可能性。球面上，由三条大圆的弧所包围的区域称为球面三角形。球面三角形不存在相似性，也就是说相似的球面三角形彼此完全相同。球面三角形的三个内角 α、β、γ 的和大于 180°，即大于 π；三角形的面积由公式 $R^2(\alpha+\beta+\gamma-\pi)$ 可得，R 为球的半径。长久以来，这两点众所周知。那锐角假设的情况如何呢？这次内角和不再"过量"，反而"不足"，小于 π，面积公式为 $r^2[\pi-(\alpha+\beta+\gamma)]$，$r$ 为常数。"由此，我几乎可以得出结论：这个假设存在于某个虚半径球体上。"朗伯带着些许犹豫，终于大胆地说出了自己的想法。的确，如果 $R=r\sqrt{-1}$，球面三角形面积公式 $R^2(\alpha+\beta+\gamma-\pi)$ 就会变成 $\left(r\sqrt{-1}\right)^2(\alpha+\beta+\gamma-\pi)=r^2[\pi-(\alpha+\beta+\gamma)]$。

无论如何，谨慎的朗伯决定不出版他的这本著作，直到他逝世以后的 1786 年，这本书才问世。和萨凯里的结论一样，朗伯的结论也和普通的空间概念相矛盾。朗伯与康德保持着密切的书信交流，我们可以在康德那里找到关于空间的表述。这位来自柯尼斯堡的哲学家在《纯粹理性批判》（1781 年）一书中判定："空间并不是从外部经验之中抽引出来的经验性概念。""它作为一切外部直观的基础，是一种必然的先天表象。""所有几何原理的无可置疑的确定性"就建立在这种先天必然性上。不必多想，康德口中的这个几何，自然是欧氏几何。

一百年后，关于空间的概念依旧没有改变。陀思妥耶夫斯基笔下，伊万·卡拉马佐夫在与弟弟阿辽沙的一段漫长交谈中说："假如上帝存在，而且的确是他创造了世界，那么正如我们所知，上帝是按照欧氏几何创造的世界，还创造了只有三维空间概念的人类头脑。"可从古时起，人们就知道球面几何并没有违背欧氏几何的公理，朗伯的阐释也说明了这一点。当时，非欧几何的消息应该也传到了圣彼得堡，因为伊万接着说："但是以前有过，甚至现在还有一些几何学家和哲学家，其中不乏最出色的学者，他们怀疑整个世界，或者说得更大一些，整个宇宙是否真的只是依照欧氏几何创造的。他们甚至还质疑平行公设，大胆猜想：欧几里得认为永不相交的两条平行线，它们事实上可以在无限延长之后，相交于某点。"伊万陷入了困惑。最后这种定义平行线的方式，司汤达笔下的亨利·勃吕拉曾在一本"陈旧的教理问答手册"中学过，但与处于争议之中的著名的第五公设毫无关系。

"真正"的空间几何 >>

1919 年的日食观测结果证实了欧氏几何这个工具并不适应新的"宇宙工厂"。那么,"真正"的空间几何是什么呢?你们思考过这个问题吗?你们可能没想过,甚至会觉得这个问题很是荒诞。不要担心,几百年来,人们的想法都和你们一样——两千多年来,没有一个人思考过这个问题。欧几里得在《几何原本》中建立的几何系统,看起来总是很合理,因为它把感性经验的事实化为抽象术语,如康德所说,还带着无可置疑的确定性。高斯在少年时期就开始思考欧几里得公设的本质,尤其是第五公设,也开始思索"真正"的空间几何究竟是什么。

当高斯还在哥廷根上学时,他曾与同学法卡什·鲍耶[1]讨论

---

1 法卡什·鲍耶(Farkas Bolyai, 1775—1856),匈牙利数学家,尤其以几何学研究而闻名。

过这个问题。几年后，鲍耶认为自己证明了平行线的存在（由此衍生出欧几里得公设），并将成果写成《论平行》后出版（1804年）。然而，高斯迅速地指出了他在论证过程中犯的一个错误。尽管他的朋友试图证明第五公设却宣告失败，高斯仍坚信这个障碍是可以跨越的。可渐渐地，似乎从1813年开始，高斯的心里萌生了一个想法——一个不同于欧氏几何的几何学。在给密友的信件中，高斯提到了这个想法，例如他在1817年写给天文学家海因里希·奥伯斯[1]的信，"我越来越相信，我们的几何"，即欧氏几何的"必然性是无法证明的，至少人的头脑和理性办不到。或许在另一种生活里，我们才能获取空间本质的其他概念，但目前我们无法企及"。另一种生活？那等待中的我们该下什么结论呢？

《卡拉马佐夫兄弟》中伊万对阿辽沙说的话又一次在耳边回响："我老老实实承认，我没有解决这类问题的能力。我的头脑是欧几里得式的、世俗的头脑，因此我怎么能解决不属于这个世界的问题呢？"伊万认为，有些问题，比如上帝的存在"对生来只有三维空间概念的头脑来说，是完全不适合思考的问题"。那高斯口中的其他概念指的是什么？难道，康德使用了大量的论据，也没能证明欧氏几何

---

1 海因里希·奥伯斯（Heinrich Wilhelm Matthäus Olbers，1758—1840），德国天文学家、医生及物理学家。

的先天必然性？高斯不以为然，他认为几何学和力学一样，以经验为基础，需要按某种方式将它列举出来。只有数字的理论——算术，是完完全全的先验真理，这回，他与柯尼斯堡的哲学家达成了一致。

　　19 世纪初，平行线问题还吸引了许多几何学的爱好者，例如法学家费迪南德·施韦卡特[1]。他认为存在两种几何学，"一种是狭义的几何学，即欧几里得几何，第二种几何学是星空几何"。第二种几何学取决于某个常数，假设这个常数无限大，它就会归于欧氏几何。这给了高斯启发。

---

1 费迪南德·施韦卡特（Ferdinand Karl Schweikart，1780—1857），德国法学家、业余数学家。

弗朗兹·陶里努斯[1]是施韦卡特的侄子，也是一名法学家。1825年，他出版了《平行线理论》。在该书中，他得到了与萨凯里、朗伯一样的结果，确定了施韦卡特设想的神秘常数。在没有推理出矛盾的情况下，他还是认定锐角的假设不成立，因为它与"我们对空间的所有直觉"都相互矛盾。第二年，他出版了《基础几何原理》，书中的附录记载了分析锐角假设的发展历程，包括朗伯把球面三角形面积公式中的 R 替换为 $r\sqrt{-1}$。

"三十多年来，我一直在思索这个问题，"高斯在写给陶里努斯的信中说，"我不相信，关于这个问题，还有人会比我思考得更多。"尽管他没有发表任何相关著作。高斯接着说："三角形内角之和小于180°的假设推导出了一个几何学，它与我们的几何截然不同，但在逻辑上完全相容。""在外行人眼里，它的定理可能看起来自相矛盾、不合逻辑，可只要沉下心来认真思考，就会发现它所包含的一切没什么不可能。"他曾试图在其中找到矛盾之处，但他所有的尝试"全部宣告失败"。

至于施韦卡特引入的常数，确实是它的值越大，新几何就越接近欧氏几何，直至常数无限大的时候，新几何就会与欧氏几何完全一致。在空间里存在这么一个常数——"一个我们不知道但确

---

1 弗朗兹·陶里努斯（Franz Adolph Taurinus，1794—1874），德国数学家。

切存在的部分",承认这点无疑违背了我们的理性。"但是,我觉得,"高斯总结说,"如果我们撇开形而上学的字面智慧,清空它的一切含义,我们对空间本质的了解,就算不是一无所知,也是少之又少。"高斯对自己关于空间本质的变革性观点秘而不宣,并请求那些曾经听他提过这些观点的朋友保守秘密。如果说高斯这么做不是因为害怕沦为"形而上学者们"的笑柄,那就是为了防止耳边充斥着"马蜂的嗡嗡声"和"愚人们的喧闹声",也就是那些喊喊喳喳的议论声,同时也是为了避免公开的论战。

当高斯对研究成果缄口不言时,他的老同学法卡什·鲍耶正独自在几何学的新领域进行越发深入的探索。虽然他的第一次尝试失败了,但他从未停止研究。他在 1819 年给朋友的信中写道:平行公设"是一座从未停止吸引我的迷宫"。

信中，他叙述自己那些几近固执的尝试，言辞间充满沮丧，就像一个海难幸存者面对无法跨域的英吉利海峡，"它就处在这样一幅景象中：我乘着船，在海岸的礁石和可怕的坟墓之中穿行，当我回来的时候，却总是手中抓着残破的木头，身边是破碎的船帆"。

那个"迷宫"后来也吸引了他的儿子——亚诺什[1]。亚诺什和父亲一样，最开始也决心要证明具有争议的第五公设。"你不应该接触平行公设。这条路，我再熟悉不过了。"父亲告诫儿子，"看在上帝的面上，我求你了，放弃这个论题吧，它就像肉欲，会夺去你所有时间、健康、平静和生活的欢愉。"总之——法卡什劝告儿子——远离女人，也远离平行线吧！"就跟思索化圆为方，寻找点金石、炼金术，还有寻宝一样，它是一种真正的病，是一种狂热、一种暴虐的想法。"尽管父亲试图劝阻，悲伤地呼唤他，让他不要妄图"穿越那片恐怖的死海"，不要进入"这片吞噬了我人生所有光明和快乐的无尽黑夜"，年轻的亚诺什还是无视了父亲的建议，坚持不懈地开始了他的研究。近期一些有关亚诺什生平事件的精神分析解读显示，或许，骄傲的亚诺什以对抗父亲为豪。

---

1 亚诺什（János Bolyai, 1802—1860），匈牙利数学家，和罗巴切夫斯基同为非欧几何中双曲几何的创始人。

　　然而，和高斯一样，亚诺什也渐渐改变了观点。1823 年，在发现了一些非欧几何的重要公式之后，他兴奋地给父亲写信："我发现了一些如此美妙的东西，我几乎为之着迷。如果这些东西消失了，将是永久的遗憾。"高斯在 1831 年给一个朋友写的信中几乎说了一样的话（"我不希望这一切随着我一起消失"）。高斯告诉朋友，他已经开始撰写"我在这个论题上的思索，其中的一些思考可以追溯到四十年前"。而在此之前，他没有写过任何相关的论著。

　　在青年亚诺什·鲍耶兴奋地沉浸在创造中时，宿命时刻降临了，数学创造上的高光瞬间出现了。他写信给父亲："我只能告诉你：我从虚无中创造了一个新的宇宙。"这是一项影响了数个世纪的发明。百年之后，英国物理学家约瑟夫·约翰·汤姆孙[1]半严肃半诙谐地评价说："我们有爱因斯坦宇宙、德西特宇宙、爆炸的宇宙、收缩的宇宙、震动的宇宙和神秘的宇宙。"更不必说库尔特·哥德尔[2]在 1949 年建立的宇宙模型，这个宇宙不仅满足爱因斯

---

1 约瑟夫·约翰·汤姆孙（Joseph John Thomson,1856—1940），英国物理学家，诺贝尔物理学奖获得主。

2 库尔特·哥德尔（Kurt Friedrich Gödel，1906—1978），出生于奥匈帝国的数学家、逻辑学家和哲学家，维也纳学派（维也纳小组）的成员。他是 20 世纪最伟大的逻辑学家之一。

坦的等式，在理论上甚至允许时间旅行。"事实上，"汤姆孙总结说，"一个纯粹的数学家写下一个等式，就能创造一个宇宙。如果他是个人主义者，还可以创造一个属于他自己的宇宙。"其实亚诺什·鲍耶就是这么做的。

面对儿子创造的"新宇宙"，法卡什坚信不疑：亚诺什"是一个与众不同的数学家，一个真正的天才"，并劝儿子将这个发现公之于众，"因为想法会从一个人身上轻易转移到另一个人身上"，而且"科学竞争只是一场激烈的战争"，"能赢的时候，就要去赢，因为利益只属于第一个人"。但是，直到1832年，亚诺什宣告的这个独立于欧几里得平行公设的宇宙才问世，并且不是独立出版，而是作为父亲的著作——《一位认真钻研数学基本原理的好学青年》的附录发表，题为《空间的绝对科学》。在证明欧几里得公设的问题上，法卡什执着地进行着新的尝试，他突然灵光一现："对几何的全面研究从对时空的分析开始。"因此，他接着预言说："宇宙的时间和空间，这对永恒的兄弟，为了让它们能够相互帮助，要让它们紧紧连接在一起，而不是强行分开它们。"

1902年，爱因斯坦和几位朋友创建了奥林匹亚学院。在这个学院里，似乎无人知晓法卡什的论著，否则，青年爱因斯坦在1905年（发表了划时代的狭义相对论）的时候，做的就只能是祝贺有先见之明的老鲍耶了。1908年，在有关狭义相对论的一场著名座谈会上，赫尔曼·闵可夫斯基[1]改述了老鲍耶的预言，说："从今以后，空间本身和时间本身注定会消失成纯粹的阴影，只有两者达成某种结合才能保持一个独立的实相，只有两者联结在一起才能维护一个独立的实相。"1919 年 12 月 12 日的皇家学会会议上，日食的观测数据使"变革性的改变"成为必然，正如与会者爱丁顿所说："相对论的观点就是，在自然界，时空的结合至关重要；观察者不应将时间与空间区分开来。"

　　如果说法卡什的直觉具有先见性，那么他儿子的"空间的绝对科学"具备的则是变革性。亚诺什口中的"绝对"几何是什么呢？亚诺什解释说，假如 Σ 是以平行公设为基础的几何系统，S 是以与平行公设相矛盾的命题为基础所建立的几何系统，那么一切未被明确表述包括在系统 Σ 或 S 之内的都是绝对的。换句话说就是，无论几何系统 Σ 还是 S，它们都是对的。亚诺什从研究平行线的定义以及它们独立于第五公设的特性出发，发展出了绝对几何。之后，他研究了半径无限的圆和球体，证明了这样一个球体的球面几何与普通的平面几何相同。他还直接证明了独立于第五公设的球面几何公式，还有非平行公设下的平面几何公式。最后，带

---

1 赫尔曼·闵可夫斯基（Hermann Minkowski, 1864—1909），德国数学家，犹太人，四维时空理论的创立者，曾经是著名物理学家爱因斯坦的老师。

着一种挑战的心态，他还证明了在非平行公设下，也就是后来的双曲平面上，有可能实现化圆为方，用尺规作出一个与已知圆面积相等的正方形。

最终，亚诺什·鲍耶说，我们知道"要么欧几里得第五公设是正确的，要么用几何方法化圆为方是正确的，尽管至今人们还是无法确定两者之中哪一个符合实际"。他只能下结论表示"无法先验地判定现实中存在的到底是 Σ 还是某个 S"。亚诺什决定之后再解决这个问题，后来却不了了之。但是，在高斯眼里，无法先验地判定 Σ 和 S 的真实性，恰恰"清楚地证明了康德认为空间只是我们的一种直觉形式的看法是错误的"。

　　法卡什·鲍耶把著作赠予老同学高斯，但高斯的回复让亚诺什十分不满。"我不能表扬你的儿子"，数学王子在写给朋友的信中说，因为"表扬他就等于表扬我自己"。高斯接着说，亚诺什所使用的方法和得出的结果，和他三十多年来的思考大部分吻合，看见老朋友的儿子"以如此引人注目的方式"先他之前发表结果，为他免去了出版的辛劳，这真是一个"令人愉悦的惊喜"。法卡什认为这封信是"我们国家的荣誉"，可亚诺什不这么想，这当然不是他所期待看到的回复。

　　你们或许也会觉得，高斯的回复确实不够大方，甚至难以理解。当时，高斯在写给朋友——数学家克里斯蒂安·格宁的信中还承认亚诺什是一流的天才，亚诺什与他想法一致，并把这个想法发展得更细致完美。遗憾的是，高斯并没有借老鲍耶之口让亚诺什知道。据说高斯脾气不好，给法卡什的那封信或许可以证明这点，但他也绝不是在吹牛，在他的档案室里找到的文件及其死后被公开的信件都是证据。而亚诺什则至死都一直认为，高斯在那封信中笨拙地掩饰了想要将他的成果据为己有的企图，甚至怀疑父亲瞒着他把研究结果偷偷告知了高斯。

　　亚诺什在一个离家很远的军事学校长大，母亲的逝世、时刻紧绷的精神状态、对父亲的情感充满矛盾，时而认同，时而敌对，两人关系时好时坏，这一切都导致他的精神状态很不稳定。那件事对他造成了致命的打击。1833 年，他因为无法履行军事上的职责被迫退休，尽管他已经拥有上尉军衔。他再也没有发表过一行有关数学的文字，但仍埋首钻研这门学科，日益孤独。在他逝世之后，人们找到了堆积如山的文件，上面写满了他的见解与想法。除了追求数学上的进步，他还创作了《万物救赎论》，尝试通过创造一种完美的语言，以收获人的幸福。在留存下来的《万物救赎论》的手稿中，可以明显看出作者当时处于精神分裂的状态。

"想象"几何 >>

　　老鲍耶在写给儿子的信中说，许多事物都自有其时令，会在多处同时被发现，"犹如春天随处可见的紫罗兰"。老鲍耶说得没错。他一定没想到，在一个远离哥廷根的地方，一个人早已表述了与亚诺什类似的观点，而鲍耶父子还有高斯对此一无所知。

　　罗巴切夫斯基[1]是喀山大学的教授。1826年，罗巴切夫斯基揭示了一个新几何世界的规则，宿命时刻来临了。他向物理数学系的同事们宣读了一篇论文《几何学原理摘要》，可那些数学教授一见到标题，就判定这篇论文过于标新立异，不适合发表。罗巴切夫斯基没有因此灰心丧气，而是将《几何学原理摘要》的内容写成文章《论几何学原理》，于1829年发表在《喀山学报》上，得到了广泛关注。可俄罗斯数学界的学者们与喀山大学教授们的

1　罗巴切夫斯基(1792—1856)，俄罗斯数学家，非欧几何的早期发现人之一。

态度并无二致。彼得堡科学院在审评之后，认为这篇论文"大部分难以理解"，根本不值得科学院注意，因此拒绝收录这篇论文。

在当时的一本杂志上，罗巴切夫斯基被公开指责"其虚假的新发明，言论蛮横无理，厚颜无耻"。那些匿名评论者口中的"假发明"，指的其实是罗巴切夫斯基几何学（还有鲍耶几何学）中的理论，这些理论大多与经验直觉相矛盾。比如，过一点作已知直线的两条平行线，它们是与已知直线相交和不相交（超平行线）的"限制"直线。用他的话说，就是"从一点出发的直线可能与已知直线在同一平面相交，或无论如何延长，两条直线永不相交"。两条直线 n 和 m，沿不同方向与直线 r 平行。怎么可能呢？经过点 P 的两条不同的直线，平行于直线 r？如果你们无法通过图形来构想它，不要担心，因为它在欧几里得平面上是不可能实现的。

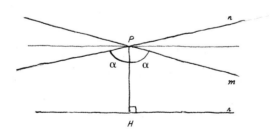

在那个新的几何世界里，平行角，即角 α 起着决定性作用，而角 α 取决于线段 PH 的长度，PH 为过 P 点垂直于直线 r 的线段。平行角 α 最大可为直角，这种情况下得到的是欧氏几何。如果这个角可变且小于直角，得到的就是罗氏几何，即 1835 年的一篇论文中被罗巴切夫斯基叫作"想象几何"的几何学。在罗氏几何中，三角形的面积与平角"差" $\left[\pi-\left(\alpha+\beta+\gamma\right)\right]$ 成比，也就是之前朗伯想到的，三角形内角之和 $\alpha+\beta+\gamma$ 与两直角，即与 π 的差。在罗氏几何中除了有边长大小任意而面积有限的三角形，还有其他类似的怪异现象，当时的一些数学家称其为"荒谬的几何学"。

和亚诺什·鲍耶一样，罗巴切夫斯基也认为"随着半径的增大，球面趋向极限"，也证明了这样一个半径无穷大的"极限球面"上的几何为欧氏几何，球面三角学独立于欧几里得平行公设，最终在双曲几何的非欧平面上得出了相同的球面三角学公式。在这些公式里，出现了一个神秘的常数，它是这个几何系统具有的特征之一，然而罗巴切夫斯基和鲍耶都无法解释它的性质。罗巴切夫斯基发表了一系列关于《新几何学原理》（1835—1838 年）的文章，其中有一篇题为《想象几何》（1835 年）的论文，这两篇论文后来都被译成法语。罗巴切夫斯基在《想象几何》中阐释的几何观点遭到了嘲讽甚至敌意，可与鲍耶不同，这位俄罗斯数学家毫不畏惧。他用德文撰写的《平行线理论的几何研究》（1840 年）引起了高斯的注意，后者支持罗巴切夫斯基成为哥廷根科学会的会员。最后，这位俄罗斯数学家在 1855 年发表了《泛几何学》，该著作于次年被译成法语。

究竟什么才是真正的空间几何？看着几何学家们"枉费工夫"，罗巴切夫斯基曾想：真正的几何原理可以"用和其他物理定律类似的方式，只以经验为准"。尤其是由地球、太阳、天狼星组成的天文三角的内角大小，使他确信其内角和与 π 的差距可归因于工具的测量误差，可以忽略不计。因此，他在《想象几何》中写道："一个三角形的内角和小于两直角和，只能运用在数学分析中，因为直接的测量结果显示，它们一点也没有偏离两直角和。"若如试验结果所示，"真正"的空间几何是欧氏几何，而两位具有变革精神的年轻人所大胆构建的几何学在人们坚信不疑的欧氏几何中塌陷崩溃，那他们富于幻想的理论研究有什么意义呢？

弯曲空间 >>

　　高斯是唯一一个赞同罗巴切夫斯基观点的人。而且，几年前，他测量了一个由布罗肯峰（Brocken）、霍赫海根山（Hohehagen）和英色伯格山（Inselberg）三座山峰构成的三角形，得到的结果与罗巴切夫斯基的相近。1828 年，在一篇划时代的论文结尾，他发表了这个结果，并评论说那个三角形（以及地表所能测量到的所有三角形）的内角和与 π 的差距"都可以忽略不计"。总之，没有经验证据可以证实他关于一种可能存在的非欧几何的猜想，也就是施韦卡特所说的"星空"几何。无论如何，他的《关于曲面的一般研究》注定是几何学史上的一个转折点，尤其是在面的概念上。

　　当你们想到面的时候，脑海中自然而然跃入的想法就是那个包围着物体的东西：一张桌子的面、一个球的面、一个花瓶的面、你们电脑屏幕的面，总之就是任何一个处在空间里的实体的面。欧几里得曾说："面是固体的边界。"高斯的"新观点"则是把面看作厚度无限小的实体。你们想象一条极其单薄的纱巾，"柔顺但没有延展性"，可变形，也没有裂缝、牵拉和褶皱。你们会说：就这样？或许，你们觉得这只是一个很小的改变，实际上却是巨大的一步。迈出了这一步，高斯才能够运用强大的工具——微积分，去研究与形态变化无关的面的性质。

面上的一条无穷小的弧线，从其长度的表达式，高斯得出了面上的测地线的表达式，就是两点之间距离最短的线长公式。在球面上，经过两点的大圆弧，长度最短。这就是为什么一架从米兰飞往旧金山的飞机会经过格陵兰岛了。而在平面上，就是两点之间，直线最短。我们又回到了一开始讨论的直线的定义。我们可以说，曲面上的测地线等同于平面上的直线。

球面和平面有什么区别呢？你们又会问：这是什么问题呀！

区别很明显啊，一个是弯曲的，另一个是平的。那一个圆柱的面和平面呢，也是这样吗？你们或许会说是，可高斯会告诉你们事实并非如此。为了测量面上一点 P 的曲率，他引入了一个新观点，接着证明这样得到的点 P 的总曲率 k 等于 $k_1 \times k_2$，其中 k_1 和 k_2 是点 P 处的两个主曲率。曲面在点 P 的法线垂直于曲面的切面，过法线有无数个剖切平面，每个剖切平面与曲面相交得到一条平面曲线。（以法线为中心的众多剖切平面中，最大曲率半径 c_M 和最小曲率半径 c_m 所在的剖切平面互相垂直。）与高斯同时代的欧拉在研究剖切平面与平面曲线之后，给出了主曲率的定义。当 k (P) 大于、小于或等于 0 时，会出现三种点（山型、鞍型、抛物型）和三种曲率常数分别为正数、负数、零的面。一个半径为 r 的球体，其曲率为 $\dfrac{1}{r^2}$。

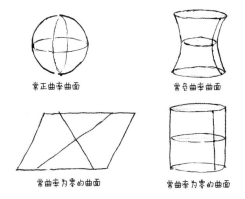

常正曲率曲面　　　　　　　　常负曲率曲面

常曲率为零的曲面　　　　　　常曲率为零的曲面

一个圆柱体，两条互相垂直的曲线是（曲率为零的）母线和曲率为 $\frac{1}{r}$ 的圆周。它们的曲率乘积为零。意外吧！圆柱的面曲率跟平面一样，都为零！锥体的情况也是如此。一个圆柱（或一个锥体）的面可以"铺成"一个没有褶皱也没有裂缝的平面，但是有些物体的面就无法铺成平面，例如一个半径为 r 的球体。高斯绝妙定理认定了这一点："如果弯曲表面在任何其他表面上展开，则每个点的曲率测量值保持不变。"这也就是为什么从几何学的角度来看，即便是地球表面的一小部分，也无法完全忠实地显示在地图上。为了制作地图，我们在展示某些球面特性的时候不得不做出一些让步！比如麦卡托投影法，它由荷兰天文学家和地图学家麦卡托于 16 世纪发明，保留了角（也就是大陆的形状），而放弃了距离和面积。谷歌地图至今使用的仍是麦卡托投影法。

高斯还从这条绝妙定理中得出了一条"最优美的定理"：对于曲面上由三条测地线连接起来的三角形，其内角之和与 π 的差等于三角形的全曲率。全曲率，这就是在鲍耶和罗巴切夫斯基的面积公式以及非欧双曲面上的三角学公式中出现过的那个神秘常数。

在鲍耶和罗巴切夫斯基的新几何学之后，高斯的《关于曲面的一般研究》宣告了一个宿命时刻的来临，彻底革新了我们的空间观。1854 年 6 月 10 日注定是深刻改变我们空间观的日子：这一天，黎曼[1] 为了取得大学的讲师职位，在哥廷根大学发表了一场演讲。他是高斯的学生，性格腼腆内向，他演讲的主题（《关于几何基础的假设》）就是老师高斯为他选定的。好奇的高斯想见识一下这位天才学生在几何学上的见解，等待之后的结果没有让他失望。黎曼开讲了："几何学预先假设了空间的概念，并假定了构建空间的基本原理。"几何对此仅给出了名称上的定义，而"这些概念和原理的本质说明是以公理的形式出现的"。定理之间的关系被一片黑暗所笼罩，然而，从欧几里得到勒让德，"无论数学家还是哲学家都无法驱除"这片黑暗。黎曼无意分析这些问题：在他看来，欧氏几何的"改良者们"之所以遭受了重重失败，是"因为大家对于多元延伸量（包括空间量）的概念仍一无所知"。而他要做的正是向大家介绍多元延伸量。

在演讲中，黎曼将高斯关于曲面的研究成果归纳为一种新几何，一个作为几何学基础的新概念，也就是那个 n 维空间（或者，用他的话说，叫变动度）。例如平面和曲面，就是二维变动度。关于 n 维变动度，黎曼引入了度量的概念，用来测量长度、面积、

---

1 黎曼（Georg Friedrich Bernhard Riemann，1826—1866），德国数学家，黎曼几何学创始人，复变函数论创始人之一。

体积或 n 维变动度的体积。度量将勾股定理也归为一种变动度。他还定义了变动度的测地线和曲率。这就解释了 1919 年发生日食时，那些弯曲的光线究竟是什么：它们是时空中的测地线，一个具有适当度量的四维变动度！

据黎曼的观察，"当空间的建构延展到超乎量度之大时"，度量关系和延展关系之间存在本质区别。要注意区分无界和无限，"前者属于延展关系，后者属于度量关系"。那么，我们身边的空间究竟是什么？"空间是一个无界的三元流形，"黎曼说，"这是被用于理解整个外在世界的一个假设，其确切性比任何一种外在经验都强，但由此无法得到无限性。相反的是，如果它的曲率值为正，不管数值多小，物理空间必属有限。"黎曼的推论使我们隐约看见了一种新几何的诞生，即后来的椭圆几何。最后，黎曼提到了在"空间度量关系的基础"上可进行的一些探究，但他认为，如果想解决这些问题，就要进入物理学的领域，从牛顿的构想出发，"并一步步用其所无法解释的现象加以修正"。

黎曼的整场演讲高深难懂，最后那段隐晦的结论几乎成了留给后世数学家们的预言。这场演讲直到黎曼逝世之后的 1868 年才公开发表，其中包含的思想在 20 世纪初的几十年里显现出了它们的预见性。在 1963 年的一场会议上，诺贝尔奖获得者保罗·狄拉克[1]回忆说，在那之前，"物理学家研究的一直都是牛顿的三维平面空间"，也就是曲率为零的欧几里得空间，然后这个空间扩展为时空——狭义相对论的四维平面空间。随着广义相对论的问世，狄拉克接着说，"大自然的物理形象"变成了四维弯曲空间。正如一贯严谨的伦敦《泰晤士报》一篇文章的标题所说，爱因斯坦这位德国天才物理学家提出的理论，彻底推翻了牛顿的思想。

---

1 保罗·狄拉克（Paul Adrien Maurice Dirac, 1902—1984），英国理论物理学家，量子力学的奠基者之一。

数学的本质就在于它的自由

"您在学数学，对吗？"在托马斯·曼的小说《陛下》中，主人公德国王子克劳斯·海因里希在与一位年轻的美国客人聊天时，关切地询问她的学业。"数学是不是很难？学起来是不是特别费脑子？"这位少女"像个男人一样学习：学习代数和其他艰深的东西"，她的回答出乎意料："我想不到比数学更有趣的东西。这么说吧，学数学就像是在空中嬉戏，不，甚至可以说是在空气之外嬉戏。"这本书里的故事让你们体会到数字神秘的魅力了吗？0从虚无中诞生，黄金比例 φ 于世界中无处不在，你们看到这些宿命时刻了吗？你们理解 π 的深奥本质了吗？可如果说数学是世界上最有趣的，这个嘛……你们之中多数人可能都不赞同斯别尔曼小姐的话，尤其是她认为数学就像一个如空气般轻盈的游戏。

　　默冬似乎说过这样的话，你们还记得吗？在阿里斯托芬的戏剧《鸟》中，我们曾看见默冬拿着"测量空气的工具"登场，吹嘘自己能够化圆为方。《魔山》里的律师帕拉万也希望找到化圆为方的办法。他在瑞士高山肺病疗养院里"夜以继日，苦思冥想"如何化圆为方。他"百折不挠，坚持不懈"，笃信你们在这本书里看到的失败尝试都不是真的。他"全身心地沉浸"在学习中，"感到很放松"，普鲁塔克笔下被流放的阿那克萨戈拉在狱中应该也是同样的感受。这项徒劳的研究为托马斯·曼书中"走上歧途的律师"提供了慰藉。可我们知道那个"空中游戏"并非高不可攀。诺贝尔物理学奖获得者狄拉克也说"数学家参与游戏并在游戏中创造规律"；而在物理学家参与的游戏中，"规律由大自然提供"。只是"随着时间的流逝，我们会愈加明显地察觉到，那些在数学家眼里有趣的规律，同样也是大自然的选择"。

　　海因里希王子在少女的笔记本里瞥见了"奇妙的象形文字"，"巫术柱"上成列的"占卜符号"和"咒语"。大自然的规律似乎隐藏在这些符号与咒语中，那些"巫术"符号也被解读为现代数学语言中的三角形和圆形。而伽利略认为，大自然就是用数学语言写成的。复数就是个例子。一位富于幻想的数学家在 16 世纪的一个宿命时刻创造了复数——一种没有意义的符号，而复数就是现代量子力学中"微粒运行的场所"。

可那个想象中的"甚至在空气之外的"游戏有着无法否认的纯美。这种美，源自鲍耶、罗巴切夫斯基、高斯和黎曼这些天才在宿命时刻所创造的理论。他们革新了我们对宇宙几何的看法和时空观，直到我们在相对论中找到了表达世界的方式。狄拉克认为，相对论"在描述大自然时，展现了前所未有的数学之美"。正是它"令人惊叹的数学之美"使物理学家们接受了爱因斯坦的理论，同时也为物理学带来了美学上的深刻改变，正如那些年，毕加索《亚威农的少女》中杂乱的形体带来了绘画审美上的变革。阿尔伯特·格列兹[1]和让·梅金杰[2]在《论立体派》（1912年）中说，"如果想要比较画家的空间和某种几何学，就要看向那些非欧氏几何的科学家"，引导读者"久久地思考黎曼提出的某些定理"。如果想欣赏达利的《耶稣受难》（1954年），就要思索多维空间。他们的这番话并非出自偶然。

绘画艺术之美源于自由的创造力，数学之美亦是如此。19世

---

1 阿尔伯特·格列兹（Albert Gleizes，1881—1952），法国立体派艺术家、独立艺术家协会成员、黄金分割画派的创始人之一。他与让·梅金杰一起写下了立体派早期重要著作《论立体派》。

2 让·梅金杰（Jean Dominique Antony Metzinger，1883—1956），法国艺术家、艺术评论家和作家。

纪德国数学家格奥尔格·康托尔[1]是现代数学无穷理论的创造者，他也曾说过，"数学的本质就在于它的自由"。除此之外，我们通过这本书还想传达什么呢？当远古先祖在骨头上刻痕，数字出现在他们指间，也就是当数字开始阐释世界的时候，我们看见，在数学发明的高光下闪耀的宿命时刻，在人类历史进程中划分先后的那些瞬间，自由在其中涌现。

---

1 格奥尔格·康托尔（Georg Ferdinand Ludwig Philipp Cantor，1845—1918），出生于俄国的德国数学家。

著作权合同登记号：图字 18-2021-2

图书在版编目（CIP）数据

尖叫的数学：令人惊叹的数学之美 /（意）翁贝托·博塔兹尼著；余婷婷译 . -- 长沙：湖南科学技术出版社，2021.10（2024.1 重印）
ISBN 978-7-5710-1170-3

Ⅰ . ①尖… Ⅱ . ①翁… ②余… Ⅲ . ①数学—普及读物 Ⅳ . ① O1-49

中国版本图书馆 CIP 数据核字（2021）第 168042 号

上架建议：数学·科普

JIANJIAO DE SHUXUE: LING REN JINGTAN DE SHUXUE ZHI MEI
尖叫的数学：令人惊叹的数学之美

著　　者：［意］翁贝托·博塔兹尼
译　　者：余婷婷
出 版 人：张旭东
责任编辑：刘　竞
监　　制：毛闽峰
策划编辑：李　颖　陈　鹏
特约编辑：王　静
版权支持：张雪珂
营销编辑：刘　珣　焦亚楠
封面设计：潘雪琴
版式设计：李　洁
出　　版：湖南科学技术出版社
　　　　　（长沙市湘雅路 276 号　邮编：410008）
网　　址：www.hnstp.com
印　　刷：三河市中晟雅豪印务有限公司
经　　销：新华书店
开　　本：875mm×1230mm　1/32
字　　数：139 千字
印　　张：7.5
版　　次：2021 年 10 月第 1 版
印　　次：2024 年 1 月第 4 次印刷
书　　号：ISBN 978-7-5710-1170-3
定　　价：54.80 元

若有质量问题，请致电质量监督电话：010-59096394
团购电话：010-59320018